中等职业教育机械类专业一体化规划教材

模具拆装与调试

U0190614

主　编　谭永林　陈志成

副主编　杨彩虹　梁俊文

　　　　陈远智　熊邦凤

重庆大学出版社

内容提要

本书根据中等职业教育"工学交替、理实一体"教学改革实践编写。本书分为 3 个部分：第 1 部分为基础篇，主要包括模具拆装安全文明生产要求与维护保养和模具拆装常用工具与相关安全操作规程；第 2 部分为拆装篇，主要包括拆装倒装复合模、拆装 V 形翻板弯曲模、拆装两圆相扣成型模、拆装前哈夫模及拆装链条成型模；第 3 部分为调试篇，主要包括典型冷冲模的安装与调试和典型注塑模的安装与调试。

本书可作为中等职业学校、技师学院中级工阶段和技工学校模具专业的专业教材，也可作为模具及相关制造企业模具技术工人的培训教材。

图书在版编目（CIP）数据

模具拆装与调试/谭永林，陈志成主编. —重庆：重庆大
学出版社，2017.1
中等职业教育机械类专业一体化规划教材
ISBN 978-7-5689-0371-4

Ⅰ.①模… Ⅱ.①谭…②陈… Ⅲ.①模具—装配（机械）—中
等专业学校—教材②模具—调试方法—中等专业学校—教
材 Ⅳ.①TG76

中国版本图书馆 CIP 数据核字（2017）第 001197 号

模具拆装与调试

主 编 谭永林 陈志成
副主编 杨彩红 梁俊文
 陈远智 熊邦凤
策划编辑：周 立

责任编辑：李定群 版式设计：周 立
责任校对：谢 芳 责任印制：赵 晟

*

重庆大学出版社出版发行
出版人：易树平
社址：重庆市沙坪坝区大学城西路 21 号
邮编：401331
电话：（023）88617190 88617185（中小学）
传真：（023）88617186 88617166
网址：http://www.cqup.com.cn
邮箱：fxk@cqup.com.cn（营销中心）
全国新华书店经销
重庆升光电力印务有限公司印刷

*

开本：787mm×1092mm 1/16 印张：15 字数：356 千
2017 年 1 月第 1 版 2017 年 1 月第 1 次印刷
印数：1—2 000
ISBN 978-7-5689-0371-4 定价：35.00 元

前言

本书根据中等职业教育"工学交替、理实一体"教学改革实践编写。本书的编写尝试打破传统教材编写模式与学科知识体系,以岗位需求为导向,以技能培养为目标,以必需、够用为度,符合中等职业教育的特点和规律,强调学习内容与方法的可操作性。

本书根据任务驱动教学理念,以典型模具为载体,按照任务由简到繁、由易到难、循序渐进的梯次,对应每个学习任务有机融入专业知识和技能,使学生能够在循序完成每个学习任务的学习过程中,逐步掌握模具拆装与调试的相关专业知识和技能。全书分为 3 个部分:第 1 部分为基础篇,主要包括模具拆装安全文明生产要求与维护保养和模具拆装常用工具与相关安全操作规程;第 2 部分为拆装篇,主要包括拆装倒装复合模、拆装 V 形翻板弯曲模、拆装两圆相扣成型模、拆装前哈夫模及拆装链条成型模;第 3 部分为调试篇,主要包括典型冷冲模的安装与调试和典型注塑模的安装与调试。

教材的教学总课时为 120 学时,建议教学课时分配见下表。

	任务名称		建议学时
第 1 部分基础篇	学习任务 1	模具拆装安全文明生产要求与维护保养	6
	学习任务 2	模具拆装常用工具与相关安全操作规程	6
第 2 部分拆装篇	学习任务 3	拆装倒装复合模	16
	学习任务 4	拆装 V 形翻板弯曲模	16
	学习任务 5	拆装两圆相扣成型冲模	16
	学习任务 6	拆装前哈夫模	16
	学习任务 7	拆装链条成型模装模	16
第 3 部分调试篇	学习任务 8	典型冷冲模的安装与调试	16
	学习任务 9	典型注塑模的安装与调试	12
	合　计		120

1

本书可作为中等职业学校、技师学院中级工阶段和技工学校模具专业的专业教材,也可作为模具及相关制造企业模具技术工人的培训教材。

本书由中山市技师学院谭永林、陈志成任主编;中山市技师学院杨彩红、梁俊文,中山市中等专业学校陈远智、熊邦凤任副主编;中山市技师学院缪树均、何国珠等参与编写。

感谢上海润品工贸有限公司在本书编写过程中给予的各种支持与帮助。

由于编者水平有限,书中难免存在疏漏和不足之处,敬请读者批评指正。

编　者
2016 年 7 月

目录

第 1 部分
基础篇

学习任务 1
模具拆装安全文明生产要求与维护保养

 学习目标

知识点：

- 模具拆装安全文明生产要求和模具拆装保护常识。
- 模具正确使用与维护保养的注意事项。

技能点：

- 自觉遵守安全文明生产规程，养成安全文明生产习惯。
- 会正确使用模具与维护保养模具。
- 正确穿戴劳保用品，养成安全文明意识，遵守安全文明生产要求。
- 严格"6S"管理，做好"6S"记录。
- 养成踏实严谨、精益求精、爱岗敬业、积极进取、总结反思、团队合作的职业素养。

1

建议学时

6课时。

学习活动1.1 模具拆装安全文明生产要求

活动描述

安全文明生产是企业生产管理的重要内容之一。它直接影响企业的产品质量和经济效益,影响模具的使用寿命,影响企业的正常生产。作为新员工,进入企业必须熟悉安全文明生产要求,养成良好的安全文明生产习惯,为今后做好生产岗位工作打下良好的基础。因此,企业对新员工进行岗前培训,都把安全文明生产要求作为最重要的培训内容之一。

知识链接

1.1.1 模具拆装安全文明生产要求

(1)模具拆装安全生产要求

①上岗安全培训:新进模具员工经安全操作培训合格后方能上岗工作。模具员工在岗位工作中必须严格遵守模具生产安全操作规程,如图1-1所示。

图1-1 模具工人规范操作

图1-2 模具规范存放

②上班前的准备工作:准备好各工位所用工具,穿戴好个人安全防护物品(如各工位所用相关工作服、耐高温手套、口罩等),整理好首饰、头发,女工要把头发及辫子放入帽内,不得穿高跟鞋,严禁戴手套操作机床;检查机器电源是否接好、有无破损,运转状况是否正常,排除现场其他不安全因素。

③上班期间:各岗位须严格按照本工作岗位的《作业流程》和《作业指导书》要求,遵从《车间生产安全指引》进行作业。当机器设备出现任何异常时,应按设备使用程序停机并及时上报,禁止自作主张贸然采取措施;机器设备需清洁时,须先关电源。

④当拆装的模板（块）或模具零件质量大于 25 kg 时，切不可用手搬动，必须用吊机进行吊装。

⑤在用吊机进行吊装时，其下方不允许站人或者有人穿过。

⑥吊环安装时一定要旋紧，保证吊环台阶的平面与模具零件表面贴合。吊环大小的选择和安装必须要按照参数选定。

⑦拆装有弹性的零件（如弹簧）时，要防止弹性零件突然弹出而造成人员伤害。

⑧使用大型冲压机时，人不能正对工作台，要靠侧面站，防止碎片飞出伤人。

⑨操作中要用工具取放工件，不可用手直接取放工件。

⑩任何时候都要严格遵守车间内的操作规程，如工具和模具零件的摆放。加强安全意识教育，树立安全第一的思想，杜绝人身事故的发生。

（2）模具拆装文明生产要求

①勿贪快、勿冒险，不明白要主动向主管负责人或师傅询问，遵守规定。

②当发现有不安全情况和损坏时，应立即报告主管负责人处理。

③须熟悉自己岗位所属工序各种部件的属性，然后再进行操作。

④在不能确定安全与否前，不能开动机器（如吊机）；未经许可，不可使用其他岗位的任何机器。

⑤禁止在车间内嬉戏打闹和吸烟酗酒，以免发生意外事件。

⑥离开工作岗位时，应确保机器已关机（或交接），工作场地安全。

（3）正确规范着装要求

正确规范的着装要求如图 1-3 所示。

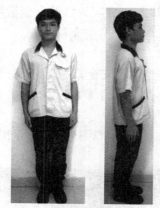
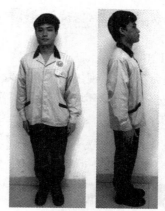

穿夏装工作服　　　　　　　　　　穿冬装工作服

穿防护鞋　　　　　　　　　　佩戴防护眼镜

图 1-3　正确规范的着装要求

①上衣袖口：袖口必须扣好纽扣。

②鞋子：要穿好防砸、防扎、防滑的鞋子。

③防护工具：要正确穿戴好防护工具，如工作帽、防护眼镜等。

④指甲：不留长指甲，做到定期修剪指甲。

⑤首饰：上岗不得佩戴首饰。

（4）"6S"管理

"6S"管理是现代企业行之有效的现场管理理念和方法。其作用是：提高效率，保证质量，使工作环境整洁有序，预防为主，保证安全。

1）整理（SEIRI）

要与不要，一留一弃；将工作场所的任何物品区分为有必要和没有必要的，除了有必要的留下来，其他的都消除掉。整理的目的是腾出空间，空间活用，防止误用，塑造清爽的工作场所。

2）整顿（SEITON）

科学布局，取用快捷；把留下来的必需的物品依规定位置摆放，并放置整齐加以标识。整顿的目的是令工作场所一目了然，消除寻找物品的时间，有整整齐齐的工作环境，消除过多的积压物品。

3）清扫（SEISO）

清除垃圾，美化环境；将工作场所内看得见与看不见的地方清扫干净，保持工作场所干净、亮丽的环境。清扫的目的是稳定品质，减少工业伤害。

4）清洁（SEIKETSU）

形成制度，贯彻到底；经常保持环境外在美观的状态。清洁的目的是创造明朗现场，维持上面"3S"的成果。

5）安全（SECURITY）

安全操作，生命第一；重视成员安全教育，每时每刻都有安全第一观念，防患于未然。安全的目的是建立起安全生产的环境，所有的工作应建立在安全的前提下。

6）素养（SHITSUKE）

养成习惯，以人为本；每位成员养成良好的习惯，并遵守规则做事，培养积极主动的精神（也称习惯性）。

图1-4 "6S"管理

图1-5 符合"6S"管理要求的模具车间

A.25 kg   B.25 km   C.25 g

3. 在安装需要经敲打装入的零件时,用于敲打的物件硬度不可大于模具零件,如不可用_____,一般情况下是用_____。

    A.铜棒;铁锤   B.羊角锤;铁锤   C.铁锤;铜棒

4. 离开工作岗位时,应确保机器_____(或交接),工作场地安全。

    A.通电   B.停止   C.运行

5. 模具零部件在拆卸之后或安装之前,要进行_____处理,如水路和一些需经常接触腐蚀性物质的零件。

    A.防锈、防腐   B.热   C.包装

四、填表题

正确指出表1-1中生产现场存在的安全文明生产问题。

表1-1　生产现场存在的安全文明生产问题

现场情况	存在的问题

A. 设备上乱放工具——使用设备时,把工具杂物乱放在设备上

B. 乱摆放拆卸的模具零件——拆卸模具后,零件没有按照排序到处乱放

C. 边拆装模具边打手机——在模具拆装时,不专心操作

D. 乱放拆装工具——拆装模具时,把工具无序乱放在工作台上

E. 乱摆放清洁工具——清洁拆装车间后,乱放清洁工具

五、规范着装检查

请在生产、实习上岗前对照规范着装检查,并将检查结果填入表 1-2 中。

表 1-2　规范着装检查表

规范着装项目	记　录
工作服穿好了吗	是□　否□
手套及饰品都摘掉了吗	是□　否□
穿的鞋子是否防砸、防扎、防滑	是□　否□
戴工作帽了吗	是□　否□
女生把长发盘起并塞入工作帽内了吗	是□　否□

六、填写正确规范的着装要求

上衣袖口：_____

鞋子：_____

防护工具：_____

指甲：_____

首饰：_____

七、简答题

1. 模具拆装有哪些安全生产要求?

2. 模具拆装有哪些文明生产要求?

3. 模具拆装时有哪些防损要求?

学习活动 1.2　模具的正确使用与维护保养

 活动描述

提高模具使用寿命需要"三分修、七分养",说明正确使用和维护(修)保养模具的重要性。因此,模具员工须正确使用模具,并正确维护保养好模具。

知识链接

1.2.1 模具的正确安装

(1)冲压模具安装要点

①安装前,检查压力机上的上、下模具安装表面是否清理干净,并检查有无修模后的遗留物,防止非正确安装和意外事故的发生。

②安装时,根据模具闭合高度调整压力机滑块的高度,使滑块在下止点时其底面与工作台面之间规定位置,将滑块再停于下止点;然后调节滑块的高度,使其模柄进入模柄孔,并通过滑块上的压块与螺钉将模柄固定。

③安装完后,将压力机滑块上调 3~5 mm,开动压力机,空行程 1~2 次将滑块停于下止点,固定下模座。再进行试冲,逐步调整滑块所需的高度,将压力机上的卸料板调到需要的位置。

④模具安装完毕后,手动操作机床空运行若干次,观察模具安装是否牢固,有无错位,导向部位及侧向运动机构是否平稳、顺畅,等等。

图1-7 安装冲压模具

图1-8 调试塑料模具

(2)注塑模具安装要点

1)检查模具

在使用模具(试模)前,对其按模具设计要求进行全面、详细检查的重要性不容忽视。通常需要检查的内容如模具的外形是否有锈蚀或者损伤,模具与产品型号是否一致,模具动作是否可靠,模具各系统结构零部件是否齐备,等等。

2)正确安装注塑模具

①锁模机构调整

将注塑机锁模机构调整到适合模具安装的位置。

②模具吊装

确定模具吊装方式,将模具吊到所需位置。吊装时,需注意安装方向的问题。

③模具紧固

紧固时,需注意压紧的形式、紧固螺钉以及检查紧固螺钉的数量等问题。

④空运行试验

手动操作机床空运行若干次,观察模具安装是否牢固,有无错位,以及导向部件和侧向运动机构是否平稳、畅顺等。

⑤配套部分安装

如热流道元件及电气元件的接线、冷却水路的连接、气压回路的连接,以及电控部分的调整等辅助部分的安装。

⑥根据各种模具合理选择注塑机和设置参数

通常情况下,模具设计之前就已确定注塑机型号,但难免在一些情况下,必须重新选用注塑机。在选用时,应避免大设备安装小模具造成的浪费,也要避免小设备安装大模具造成设备或人身的事故。

注塑模具与注塑机配合使用,两者缺一不可。必须将其调整在最佳状态才能做到模具使用的合理性。一般包括合模力调整、开关模速度及低压保护的调整、推出机构调整、模具温度控制、产品取出选择、模具清理、模具工作状态观察等内容。

1.2.2 模具的保养维修规范

模具在生产过程中,须始终处于良好的状态,以保证产品质量,延长模具使用寿命。

(1)日常保养

模具的日常保养由操作人员实施,模具维修人员确认,保养周期为1次/班;制件完成后,由模具操作者对模具在生产中的状况、首末件及过程制件质量、保养实施情况及维修情况在《模具日常保养记录》表中作相关记录,作为模具是否需要维修的依据。

日常保养内容如下:

1)模具使用前的检查

①检查模具的标识是否完好清晰,对照工艺文件检查所使用的模具是否正确。

②检查模具是否完整,凸凹模是否有裂纹,是否有磕碰、变形,可见部分的螺钉是否有松动,刀口是否锋利(冲裁模),等等。

③检查上、下模(动、定模)板及工作台面是否清洁干净,导柱导套间是否有润滑油。

④检查所使用的原材料是否与工艺文件一致,防止因使用不合格的原材料损坏模具和设备。

⑤检查所使用的机床是否与模具相匹配。

⑥检查模具在机床上安装是否正确,上、下模(动、定模)压板螺栓是否紧固。

2)模具使用过程中的检查

①模具在调整开机前,检查模具内外有无异物,刀口固定螺钉有无松动,所用的板料是否干净、清洁。

②检查操作现场有无异物,地面是否整洁,周围有无影响安全操作的因素。

③注塑机上的模具要调整好压力力、压料力,检查定位销是否正确、齐全。

④模具在试制后的首件按样件检查,由质检员判断合格后方可批量生产。

⑤模具在使用过程中,要严格遵守操作规则,定时对模具的工作件表面及活动配合面进行表面润滑,及时清理废料。

⑥在工作中,要随时检查模具的工作状态,发现异常现象要立即停机,并通知车间主管确

定处理方案。

3）模具使用后的检查

①模具在使用后，利用机床打开模具，使用工具顶住机床上滑块，在确保安全的前提下，清理工作面，检查工作面是否损坏，导柱导套是否松动；检查压料、退料机构是否完好；检查定位件是否正确可靠；检查可见紧固件有无松动。在导滑和工作表面涂油。

②清理模具行腔面，并涂油防锈。

③将模具从机床上卸下，吊运时应注意慢起慢放，以免造成对模具的损伤及人员的伤害。

④选取模具要停止使用后的末件进行全面检查。

⑤检查完成后，将模具的技术状态填写入《模具日常保养记录》表中，状态合格的及时完整地送入指定的存放地点，不合格的则送模具维修车间。

（2）定期保养

模具的定期保养由模具维修车间负责。

定期保养是根据模具的技术状态情况进行检修保养，以保持模具精度及工作性能处于良好的状态。模具保养周期是根据模具的易损程度及使用频度而定，分为 A，B，C3 类；A 类是指使用频次高、磨损快的部件、配件，3 个月保养一次；B 类为一般磨损的部件、配件，6 个月保养一次；C 类为磨损较慢的部件、配件，9 个月保养一次；以此为原则，结合现场实际使用情况，月初由车间生产经理制订当月的《模具保养计划》。模具维修车间根据每月的《模具保养计划》，对模具进行全面、彻底的检修保养，保养完成后在《模具管理卡》上填写相关内容。

模具定期保养的内容如下：

①检查上一批末件形状及表面质量有无明显缺陷，是否符合图样要求。

②清理模具表面、型腔内的油污；清洗导柱、导套、压边圈、导轨、上下模活动块上的油污。

③检查紧固、定位部件状况，并对损坏部分进行修理、更换，松动部分进行紧固。

④检查动、静模型面是否磨损，并对磨损部位进行修磨。

⑤检查顶针、配件部位，对损坏部分进行维修、更换。

⑥检查导向机构，对损坏部分进行维修、更换。

⑦检查平时不可见部位是否有部件存在裂纹、疲劳损坏、磨损，紧固件是否松动等，并对其修复或更换。

⑧检查模板、模架磨损和变形状况，并对其修复或更换。

⑨检查凸、凹模间隙，调整板和退料板等磨损状况，并对其修复或更换。

⑩对修复的模具的滑导部位加注干净的润滑油，型腔及其他部位涂防锈油。

（3）模具的维修

模具维修须经使用车间主管和工艺人员共同确认，交由模具车间维修，并填写模具维修单后交维修人员。

①如需要在设备上维修模具，应使用工具顶住机床上滑块，在确保安全的前提下维修。

②检修设备时，应将模具从机床上卸下或使用工具顶住机床上滑块，在确保安全的前提下维修。

1.2.3　模具正确使用的注意事项

模具正确使用须做好以下 10 点：

①打开模具确认模具型面无异物,确定定位销位置正确。确定模具导板面无异物。

②使用前,检查模具的完好情况。

③按模具设计参数调试模具并生产。

④模具使用过程中操作人员应站在模具前端两侧。

⑤模具在使用过程中发出异常声音时应立即停止工作,由现场的模修工检查并排除故障。模具应在存放状态装卸。

⑥认真填写工作报告,每次上班时与交接班时要通报上一班生产情况,使下班操作人员及时、全面地了解模具使用状态。

⑦使用时,要保证正常温度或恒温,温度不可时高时低。常温工作可延长模具的使用寿命。

⑧当开闭模具发生异常声音时,不可强行开启或者合模,要找到其原因,排除故障后再工作,以免有断、裂零件或损伤模具。

⑨使用完毕,要清洁模具各个零部件,涂防锈油或喷防锈剂。

⑩定期保养、检查和注油。

 **模具小词典**

常用模具材料——P20 钢

图 1-9　P20 钢

P20 钢是引进美国的 P20 中碳 Cr-Mo 系塑料模具钢(见图 1-9)。它适用于制作塑料模和压铸低熔点金属的模具材料。此钢具有良好的可切削性及镜面研磨性。对应我国牌号是3Cr2Mo,对应德国牌号是 1.233 模具钢。

(1)使用方法

P20 钢已预先硬化处理至 285～330HB(30～36HRC),可直接用于制模加工,并具有尺寸稳定性好的特点。预硬钢材可满足一般用途的需求,模具寿命可达 50 万模次。

(2)特性

①真空脱气精炼处理的钢质纯净,适合要求抛光或蚀纹加工塑料模。

②预硬状态供货,无须热处理可直接用于模具加工,缩短工期。

③经锻轧制加工,组织致密,100% 超声波检验,无气孔和针眼缺陷。

④具有良好的可切削性及镜面研磨性。

（3）用途

①热塑性塑料注塑模具,挤压模具。

②热塑性塑料吹塑模具。

③重载模具主要部件。

④冷结构制件。

⑤常用于制造电视机壳,洗衣机、冰箱内壳,以及水桶等。

⑥汽车保险杠模具。

（4）加硬处理

为提高模具寿命使其达到80万模次以上,可对预硬化钢采用淬火加低温回火的加硬方式来实现。淬火时,先在500~600 ℃预热2~4 h,然后在850~880 ℃保温一定时间(至少2 h),放入油中冷却至50~100 ℃出油空冷,淬火后硬度可达50~52HRC。为防止开裂应立即进行200 ℃低温回火处理。回火后,硬度可保持48HRC以上。

 学习巩固

POINT PLUS

一、填空题

1.检查模具,通常需要检查的内容如模具的外形是否_____,模具与产品型号是否_____,模具动作可靠和模具各系统结构零部件是否齐备,等等。

2.使用完毕,要清洁模具各个零部件,涂_____或喷_____。

3.打开模具确认_____,确定定位销位置正确。确定_____。

4.模具在使用过程中发出异常声音时应立即_____,由现场的模修工检查并_____,模具应在存放状态_____。

5.模具与注塑机配合使用,两者缺一不可。必须将其调整在最佳状态才能做到模具使用的合理性。一般包括_____、开关模速度及低压保护的调整、_____、模具温度控制、_____、模具清理、_____等内容。

二、选择题

1.正所谓模具提高使用寿命需要"三分_____、七分_____",说明正确_____模具的重要性。

　　A.修;养;使用和维护(修)保养　　B.工具;功;操作　　C.材料;造;理解

2.模具安装完毕后,手动操作机床_____若干次,观察模具安装是否_____,有无错位,导向部位及侧向运动机构是否_____。

　　A.调试;完好;平稳、顺畅　　　B.试模;牢固;灵活　　　C.空运行;牢固;平稳、顺畅

3.安装前,检查压力机上的上、下模具安装表面是否_____,并检查有无在修磨模具后遗留物,防止非正确安装和意外事故的发生。

　　A.装配合理　　　　　　　B.清理干净　　　　　　　C.平整

4.模具需要定期保养、_____和_____。

　　A.检查;注油　　　　　　B.维护;更换　　　　　　C.换油;打磨

5.模具使用过程中操作人员应站在模具_____。

A. 侧边   B. 后端两侧   C. 前端两侧

三、问答题

1. 怎样正确安装冲压模具?

2. 怎样正确安装注塑模具?

3. 简述模具日常保养的内容。

4. 简述模具定期保养的内容。

5. 简述模具正确使用的注意事项。

四、规范着装检查

请在生产、实习上岗前对照规范着装检查,并将检查结果填入表1-3中。

表1-3　规范着装检查表

规范着装项目	记　录
工作服穿好了吗	是□　否□
手套及饰品都摘掉了吗	是□　否□
穿的鞋子是否防砸、防扎、防滑	是□　否□
戴工作帽了吗	是□　否□
女生把长发盘起并塞入工作帽内了吗	是□　否□

学习任务 **2**

模具拆装常用工具与相关安全操作规程

 学习目标

知识点：

* 模具拆装工具和用品的名称、功能和使用方法。
* 模具拆装相关安全操作规程。

技能点：

* 会正确选择和使用模具拆装常用工具。
* 能遵守模具拆装相关安全操作规程。
* 养成踏实严谨、精益求精、爱岗敬业、积极进取、总结反思、团队合作的职业素养。

 建议学时

6课时。

学习活动 2.1　模具拆装常用工具和用品

 活动描述

"工欲善其事，必先利其器。"为保证拆装模具工作的顺利进行，就必须熟悉并正确用好模具拆装工具和用品。通过本学习活动的学习，能够熟悉并正确使用模具拆装常用的工具和用品对模具进行拆装。

 知识链接

模具拆装的工具种类较多。下面就模具常用的拆装工具进行介绍。

2.1.1　吊装类工具

模具拆装常用的吊装工具和配件有吊环螺钉、手动葫芦、钢丝绳、液压升降搬运车、电动葫芦等,见表2-1。

表2-1　吊装类工具

实物图示与名称	用　途	注　释
1.吊环螺钉	吊环螺钉是配合起重机,用于吊装模具,设备等重物,是重物起吊不可缺少的配件	安装时,必须要旋紧,保证吊环台阶的平面与模具零件表面黏合。吊环的大小选择必须要合适,要保证吊环的强度足够
2.手动葫芦	手动葫芦供手动提升重物,是简单、便携式起重机械。适用于中小型模具的吊装	使用前,检查机件是否完好。使用时,严禁超载使用和多人操作。在起吊重物时,严禁人员在重物下行走或工作
3.钢丝绳	钢丝绳主要用于吊运、拉运模具等高强度线绳的吊装和运输	钢丝是碳素钢或合金钢通过冷拉或冷轧而成圆形(异形)丝材,具有很高的强度和韧性,并根据使用环境条件不同对钢丝进行表面处理
4.液压升降搬运车	液压升降搬运车主要用于吊运不是大型超重的模具,一般是用液压升降搬运车	液压升降搬运车油泵为整体密封式,有过载保护,使用时不要过载
5.电动葫芦	电动葫芦是一种特种起重设备,安装于天车、龙门吊之上,电动葫芦具有体积小、自重轻、操作简单、使用方便等特点,用于拆装模具、仓储码头等场所	使用前,检查机件是否完好。使用时,严禁超载使用和多人操作。在起吊重物时,严禁人员在重物下行走或工作

2.1.2　扳手类工具

扳手的类型有许多种,模具拆装常用的扳手见表2-2。

表2-2　扳手类工具

实物图示与名称	用　途	注　释
1.活动扳手	活动扳手简称活扳手,其开口宽度可在一定范围内调节,是用来紧固和起松不同规格的螺母和螺栓的一种工具	该扳手通用性强,可以拧紧和松开一定尺寸范围的螺栓,使用广泛,但使用时需要空间较大
2.标准扳手(呆扳手)	标准扳手(呆扳手)的一端或两端带有固定尺寸的开口,其开口尺寸与螺钉头、螺母的尺寸相适应,并根据标准尺寸制作而成	标准扳手(呆扳手)由优质中碳钢或优质合金钢整体锻造而成,方便易用且使用寿命较长
3.梅花扳手	梅花扳手其内孔是由两个正六边形相互同心错开30°而成。这种结构便于拆卸装配在凹陷空间的螺栓、螺母,并可为手指提供操作间隙,以防止擦伤	梅花扳手扳转时,严禁将加长的管子套在扳手上以延伸扳手的长度增加力矩,严禁捶击扳手以增加力矩,否则会造成工具的损坏
4.内六角扳手	内六角扳手规格以内六角头螺栓头部的六角对边距离来表示,是专门用来紧固或拆卸内六角头螺栓的工具。它有公制和英制两种	内六角扳手也称艾伦扳手。它通过扭矩施加对螺钉的作用力,大大降低了使用者的用力强度,是工业制造业和模具拆装中不可或缺的得力工具
5.套筒扳手	套筒扳手是由多个带六角孔或十二角孔的套筒并配有手柄、接杆等多种附件组成,特别适用于拧转地位十分狭小或凹陷很深处的螺栓或螺母	拧紧螺母或螺栓时,应选用合适的扳手,禁止扳口加垫或扳把接口。优先选用标准扳手,扳手不能当锤子用

2.1.3　螺钉旋具(螺丝刀)类工具

拆装模具电气部分经常会使用螺钉旋具(螺丝刀)。常见的螺钉旋具(螺丝刀)有一字槽螺钉旋具、十字槽螺钉旋具、多用螺钉旋具、内六角螺钉旋具、电动螺钉旋具等,见表2-3。

表 2-3　螺钉旋具(螺丝刀)类工具

实物图示与名称	用　途	注　释
1. 一字槽螺钉旋具	一字槽螺钉旋具用于拧紧或松开头部具有一字形沟槽的螺钉	将螺丝刀拥有特化形状的端头对准螺钉的顶部凹坑固定,然后开始旋转手柄。根据规格标准,顺时针方向旋转,则为嵌紧;逆时针方向旋转,则为松出
2. 十字槽螺钉旋具	十字槽螺钉旋具用于拧紧或松开头部具有十字形沟槽的螺钉	将螺丝刀拥有特化形状的端头对准螺钉的顶部凹坑固定,然后开始旋转手柄。根据规格标准,顺时针方向旋转,则为嵌紧;逆时针方向旋转,则为松出
3. 多用螺钉旋具	多用螺钉旋具用于拧紧或松开头部具有一、十字形沟槽螺钉及木螺钉	使用时,不可用螺丝刀当撬棒或凿子使用。选用的螺丝刀口端应与螺栓或螺钉上的槽口相吻合。如口端太薄易折断,太厚则不能完全嵌入槽内,易使刀口或螺栓槽口损坏
4. 内六角螺钉旋具	内六角螺钉旋具用于拧紧或松开头部具有内六角沟槽的螺钉	内六角螺钉旋具很简单而且轻巧。内六角螺钉与扳手之间有 6 个接触面,受力充分且不容易损坏。可用来拧深孔中的螺钉
5. 电动螺钉旋具	电动螺钉旋具装有调节和限制扭矩机构,用于拧紧和旋松螺钉的电动工具	该电动工具主要用于装配线,是大部分生产企业必备的工具之一

2.1.4　钳工锤子与铜棒等工具

模具拆卸常用的钳工锤子与铜棒见表 2-4。

表 2-4　钳工锤子与铜棒

实物图示与名称	用　途	注　释
 1.圆头锤	圆头锤用于较重的打击	在装配和修模过程中,禁止使用铁锤直接敲打模具零件
 2.斩口锤	斩口锤用于金属薄板的敲平、翻边	在装配和修模过程中,禁止使用铁锤直接敲打模具零件
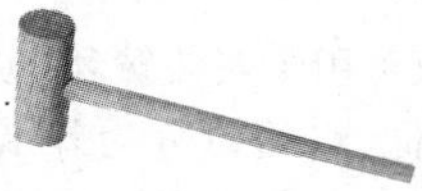 3.木锤	木锤、橡胶锤、铜棒用于模具拆卸与装配敲打模具,是模具钳工装配与拆卸模具必不可少的工具	在装配和修模过程中,应视情况而决定用木锤、橡胶锤或铜棒敲打。铜棒材料一般使用纯铜(紫铜)。禁止使用圆头锤、斩口锤等硬度较高的工具敲打模具零件。其目的就是防止模具零件被打至变形。使用时,用力要适当、均匀,以免安装零件卡死
 4.橡胶锤		
 5.铜棒		

2.1.5　其他常用的工具和用品

其他常用的模具拆装工具和用品有手钳类工具、拔销器、液压千斤顶、撬杠、防护用品、拆装器具、计量工具等,见表 2-5。

表 2-5　其他常用的模具拆装工具和用品

实物图示与名称	用　途	注　释
1. 钢丝钳	钢丝钳是一种裁剪工具,用于裁剪模具电气部分电线	在使用电工钢丝钳之前,必须检查绝缘柄的绝缘是否完好。绝缘如果损坏,进行带电作业时非常危险,会发生触电事故。带电工作时,注意钳头金属与带电体的安全距离
2. 斜口钳	市面上,斜口钳又称"斜嘴钳",斜口钳的刀口可用来剖切软电线的橡皮或塑料绝缘层	钳子的刀口也可切剪电线、铁丝。钳子一般用右手操作。将钳口朝内侧,便于控制钳切部位,用小指伸在两钳柄中间来抵住钳柄,张开钳头,这样分开钳柄灵活
内直　　外直　　外曲　　内曲　3. 挡圈钳	挡圈钳又称卡簧钳,是一种用来安装内簧环和外簧环的专用工具,外形上属于尖嘴钳一类。钳头可采用内直、外直、内弯及外弯几种形式	它不仅可用于安装簧环,也能用于拆卸簧环。卡簧钳分为外卡簧钳和内卡簧钳两大类,分别用来拆装轴外用卡簧和孔内用卡簧。其中外卡簧钳又称轴用卡簧钳,内卡簧钳又称穴用卡簧钳
4. 尖嘴钳	尖嘴钳是一种裁剪,弯曲电线的工具,用于裁剪、弯曲模具电气部分电线	尖嘴钳又称修口钳、尖头钳和尖嘴钳。它是由尖头、刀口和钳柄组成。电工用尖嘴钳的材质一般由45#钢制作,类别为中碳钢
5. 剥线钳	剥线钳是一种专用剥线的工具,用于对模具电气部分剥线接线	操作时,请戴上护目镜。为了不伤及断片周围的人和物,请确认断片飞溅方向,再进行切断。务必关紧刀刃尖端,放置在幼儿无法伸手拿到的安全场所
6. 拔销器	拔销器是装在操作杆端部,用来拔出配件或金具中开口销的工具。一般用来拔出模具的定位销。撬杠是一种省力的杠杆	用带有外螺纹的快速接头与能与该接头相配合的铰接销内螺纹联接,操作人员分别站在两边,同时向外用力拉滑块,使滑块在滑杆上来回滑动,不断循环撞击螺母,铰接销快速被拔出

续表

实物图示与名称	用　途	注　释
7.液压千斤顶	液压千斤顶又称油压千斤顶,是一种采用柱塞或液压缸作为刚性顶举件的千斤顶。其构造简单、质量轻、便于携带、移动方便。常用的简单起重设备有液压千斤顶、滑车和卷扬机等	液压千斤顶要选择合适吨位的液压千斤顶。承载能力不可超负荷,选择液压千斤顶的承载能力需大于重物重力的1.2倍。液压千斤顶不可作为永久支承设备
8.撬杠	撬杠由产品模具锻造而成,坚固耐用,主要用于模具维修或保养时开模。是一种省力的杠杆	撬杠实际上就是一个棒子,形状可以是直的或者弯的;材料可以是金属的或者木头的。金属撬棒一般有楔形工作端头
9.防护眼镜	防护眼镜分为安全眼镜和防护面罩两大类。其作用主要是防护眼睛和面部免受紫外线、红外线和微波等电磁波的辐射,粉尘、烟尘、金属和砂石碎屑以及化学溶液溅射的损伤	防护眼镜又称劳保眼镜,是一种起特殊作用的眼镜。防护眼镜种类很多,有防尘眼镜、防冲击眼镜、防化学眼镜及防光辐射眼镜等多种
10.防护工作服	工作服顾名思义是指工作时穿着的服装。一般是指工厂或公司发放给职员统一着装的服装。随着工作服行业的不断发展,越来越多的行业和企业都有工作服。模具拆装工作必须穿好专用防护工作服	工作服设计的原则首先是有明确的针对性:针对不同行业,同一行业不同企业,同一企业不同岗位,同一岗位不同身份、性别等。针对性的设计不同点归纳为什么人穿、穿用时间、穿用地点、为何穿、穿什么
11.长期防锈剂(油)	长期防锈剂一般用于模具装配,是一种超级高效的合成渗透剂,它能强力渗入铁锈、腐蚀物、油污内,从而轻松地将其清除掉。具有渗透除锈、松动润滑、抵制腐蚀、保护金属等性能	模具拆装与金属加工件在生产加工及运输的过程中,很容易生锈,这就需要使用防锈油在金属表面形成一层薄膜,防止金属锈蚀的化学品。所谓锈,是由于氧和水作用在金属表面生成氧化物和氢氧化物的混合物,铁锈是红色的
12.风管弹簧管	风管弹簧管是用弹性材料制作的弯成C形、螺旋形和盘簧形等形状的中空管,有法兰联接的,有直插式的,有卡套式的,螺纹联接的。一般用直插式较多	一般采用优质TPU原料制造(中文名称为热塑性聚氨酯弹性体),质量稳定,耐高压,耐气候性,耐磨损,耐曲折

续表

实物图示与名称	用　途	注　释
13.细长吹尘枪	细长吹尘枪主要用于工厂以及安装、维修时的除尘工作,最适合使用在一些手接触不到的一些比较狭窄、高处以及气管内的清洁工作	细长气动吹尘枪是利用空气放大的原理,有效地减少压缩空气的消耗量,从而产生强大和精确的气流,并带动周围空气一起工作
14.空气压缩机	空气压缩机就是提供气源动力,是气动系统的核心设备机电引气源装置中的主体,是将原动(通常是电动机)的机械能转换成气体压力能的装置,是压缩空气的气压发生装置	空气压缩机由电动机直接驱动压缩机,使曲轴产生旋转运动,带动连杆使活塞产生往复运动,引起气缸容积变化
15.游标卡尺	游标卡尺一般用于模具测绘,是一种测量长度、内外径、深度的量具。游标卡尺由主尺和附在主尺上能滑动的游标两部分构成。游标卡尺是比较精密的测量工具	游标卡尺使用完毕,用棉纱擦拭干净。要轻拿、轻放,不得碰撞或跌落地下。使用时,不能用来测量粗糙的物体,以免损坏量爪,避免与刃具放在一起
16.万能角度尺	万能角度尺一般用于模具测绘,又称角度规、游标角度尺和万能量角器,是利用游标读数原理来直接测量工件角或进行划线的一种角度量具	万能角度尺的读数机构是根据游标原理制成的。主尺刻线每格为1°。游标的刻线是取主尺的29°等分为30格,因此,游标刻线角格为29°/30,即主尺与游标一格的差值为2′,也就是说万能角度尺读数准确度为2′
17.螺旋测微器	螺旋测微器一般用于模具测绘,又称千分尺、螺旋测微仪、分厘卡,是比游标卡尺更精密的测量长度的工具。用它测长度可准确到0.01 mm	测量时,注意要在测微螺杆快靠近被测物体时应停止使用旋钮,而改用微调旋钮,避免产生过大的压力。既可使测量结果精确,又能保护螺旋测微器
18.量块	量块是由两个相互平行的测量面之间的距离来确定其工作长度的高精度量具。其长度为计量器具的长度标准,通过对计量仪器、量具和量规等示值误差的检定等方式	量块是横截面为矩形或圆形,一对相互平行的测量面间具有准确尺寸的测量器具。量块的主要特点是:形状简单,量值稳定,耐磨性好,使用方便

续表

实物图示与名称	用　途	注　释
19. 钢直角尺	钢直角尺是最简单的直角量具,一般用于测量直角	钢直角尺用于测量零件的直角。它的测量结果精度较低,故测量时读数误差较大,只能读出毫米数
20. 钢直尺	钢直尺是最简单的长度量具,它的长度有 150,300,500 和 1 000 mm 这 4 种规格	钢直尺用于测量零件的长度尺寸。它的测量结果精度较低,故测量时读数误差较大,只能读出毫米数
21. 塑料周转箱	塑料周转箱一般用于模具拆装装工具与零件,是选用具有高冲击强度的 HDPE(低压高密度聚乙烯)和 PP(聚丙烯)为原料注塑而成	塑料周转箱具备抗折、抗老化,承载强度大,色彩丰富的特点。包装箱式周转箱既可用于周转,又可用于成品出货包装。它轻巧、耐用,可堆叠
22. 清洁布	清洁布是由原料为毛发 1% 细的超细合成纤维制成。一般用于模具装配时把模具清理干净	清洁布具有吸水性好、不掉屑、耐洗涤的性能,不含任何化学或药物成分,能够除灰尘、汗渍、污渍,被广泛应用于公司、车间、家庭保洁中

 **模具小词典**

常用模具材料——CrWMn 钢

图 2-1　CrWMn 钢

CrWMn 钢是合金工具钢,油淬低变形冷作模具钢(见图 2-1)。因淬火变形小,故习惯称微变形钢。它主要用于碳素工具钢不能满足要求的截面较大、形状较复杂、要求淬火变形小的模具零件,也用来制造淬火时要求不变形的量具和刃具。

该钢耐磨性好,由于 W 形成钨碳化物,钢在淬火和低温回火后具有比铬钢(Cr2)和 9SiCr 钢更多的过剩碳化物和更高的硬度、耐磨性。此外,钨还能细化晶粒,提高回火稳定性,从而使钢获得更好的韧性。虽然该钢的强度、硬度、韧性均超过碳素工具钢,但因碳化物偏析,具有淬火易开裂、磨削开裂等缺陷,使其淬断倾向于碳素工具钢。此外,还容易形成碳化物网,对韧性不利,可通过锻后正火予以改善。

 学习巩固
POINT PLUS

一、看图填写题

正确填写图 2-2 中模具拆装常用工具的名称及作用。

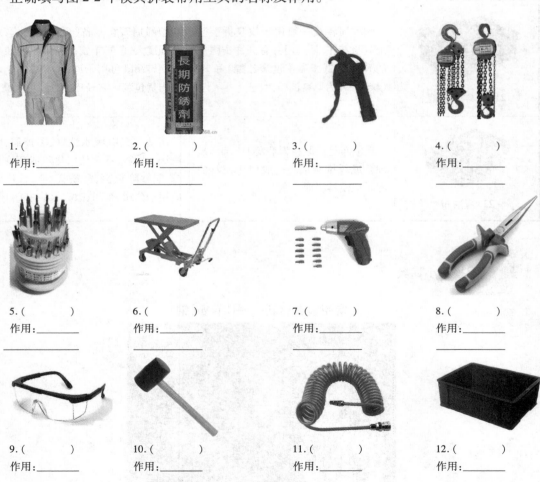

1. (   )
作用:＿＿＿＿＿
＿＿＿＿＿＿＿＿＿

2. (   )
作用:＿＿＿＿＿
＿＿＿＿＿＿＿＿＿

3. (   )
作用:＿＿＿＿＿
＿＿＿＿＿＿＿＿＿

4. (   )
作用:＿＿＿＿＿
＿＿＿＿＿＿＿＿＿

5. (   )
作用:＿＿＿＿＿
＿＿＿＿＿＿＿＿＿

6. (   )
作用:＿＿＿＿＿
＿＿＿＿＿＿＿＿＿

7. (   )
作用:＿＿＿＿＿
＿＿＿＿＿＿＿＿＿

8. (   )
作用:＿＿＿＿＿
＿＿＿＿＿＿＿＿＿

9. (   )
作用:＿＿＿＿＿
＿＿＿＿＿＿＿＿＿

10. (   )
作用:＿＿＿＿＿
＿＿＿＿＿＿＿＿＿

11. (   )
作用:＿＿＿＿＿
＿＿＿＿＿＿＿＿＿

12. (   )
作用:＿＿＿＿＿
＿＿＿＿＿＿＿＿＿

13. (　　　　)
作用：＿＿＿＿＿
＿＿＿＿＿＿＿＿

14. (　　　　)
作用：＿＿＿＿＿
＿＿＿＿＿＿＿＿

15. (　　　　)
作用：＿＿＿＿＿
＿＿＿＿＿＿＿＿

16. (　　　　)
作用：＿＿＿＿＿
＿＿＿＿＿＿＿＿

内直　外直
外曲　内曲

17. (　　　　)
作用：＿＿＿＿＿
＿＿＿＿＿＿＿＿

18. (　　　　)
作用：＿＿＿＿＿
＿＿＿＿＿＿＿＿

19. (　　　　)
作用：＿＿＿＿＿
＿＿＿＿＿＿＿＿

20. (　　　　)
作用：＿＿＿＿＿
＿＿＿＿＿＿＿＿

21. (　　　　)
作用：＿＿＿＿＿
＿＿＿＿＿＿＿＿

22. (　　　　)
作用：＿＿＿＿＿
＿＿＿＿＿＿＿＿

23. (　　　　)
作用：＿＿＿＿＿
＿＿＿＿＿＿＿＿

24. (　　　　)
作用：＿＿＿＿＿
＿＿＿＿＿＿＿＿

25. (　　　　)
作用：＿＿＿＿＿
＿＿＿＿＿＿＿＿

图 2-2　模具拆装常用工具的名称及作用

二、填空题

1. "＿＿＿＿＿＿＿＿＿＿＿＿。"为保证拆装模具工作的顺利进行,就必须熟悉并正确用好模具拆装工具和用品。

2. 钢丝绳主要用于＿＿＿＿、＿＿＿＿等高强度线绳的吊装和运输。

3. ＿＿＿＿＿是由原料为毛发 1% 细的超细合成纤维制作。一般用于模具装配时把模具清理干净。

4. 防护眼镜分为＿＿＿＿和＿＿＿＿两大类。

5. 螺旋测微器又称＿＿＿＿、＿＿＿＿、＿＿＿＿,是比游标卡尺更精密的测量长度的工具。用它测长度可准确到 0.01 mm。

6.空气压缩机就是提供_____,是气动系统的核心设备机电引气源装置中的主体。

7.长期防锈剂是一种超级高效的_____,它能强力渗入_____、_____、_____内,从而轻松地将其清除掉。

8.在装配和修模过程中,应视情况而决定用_____、_____或铜棒敲打。铜棒材料一般使用_____。

9.内六角扳手规格以内六角头螺栓头部的六角对边距离来表示,是专门用来紧固或_____的工具。它有_____和_____两种。

10.模具拆装工作必须穿好_____工作服。

11.CrWMn 钢是冷作模具钢,因淬火变形小,故习惯称_____。它主要用于碳素工具钢不能满足要求的截面_____、形状_____、要求淬火变形小的模具零件,也用来制造淬火时要求不变形的_____和_____。

三、连线题

按种类连线对应的拆装工具。

吊装类工具   空气压缩机

螺钉旋具(螺丝刀)类工具   内六角扳手

钳工锤子与铜棒类   钢丝绳

扳手类工具   塑胶锤子

其他常用的模具拆装工具   一字螺丝刀

四、名词解释

1.游标卡尺

2.液压千斤顶

3.防护眼镜

五、简述题

1.简述拔销器的用途。

2.简述模具拆装扳手类工具的名称和用途。

3.按类别每类举例 3~5 种模具拆装常用工具和用品的名称及用途。

学习活动 2.2　模具拆装相关安全操作规程

活动描述

　　生产中因为一个小小的违章操作,就可能引发一连串的安全事故。通过本学习活动的学习,就能够熟悉模具拆装相关安全操作规程,培养自觉遵守安全操作规程的习惯,避免模具拆装安全事故的发生。

知识链接

2.2.1　模具车间安全操作规程

　　①员工上岗必须进行安全教育和设备操作培训,并做到熟悉各设备的性能、操作程序和维护保养知识。

　　②操作人员进入车间,必须穿工作服、劳保鞋,佩戴安全帽,严禁穿戴不符合安全要求的衣物进入生产岗位,严禁酒后上岗。

　　③工作前,对设备进行加油润滑保养,加油部位要按设备说明进行。严禁设备无油工作,严禁设备出现跑、冒、滴、漏现象。

　　④设备工作前,要检查各电器开关、操作按钮是否安全灵敏正常。开机后,要检查设备是否运转正常。严禁设备带病上岗。

　　⑤如设备发生故障,应立即停机切断电源,及时汇报维修部检修。检修过程中,必须在断电开关及操作台前悬挂警告提示标牌。

　　⑥工作前,必须首先检查各类工量具是否准确,产品工艺图纸是否正确。严格按照生产工艺,质量标准进行操作生产。

　　⑦设备工作位置不得放置工量具及产品零件,以免造成磕碰损坏,影响设备精度。

　　⑧装夹零件要牢靠,对于不规则零件要用专用夹具加以保护后方可加工,以免造成设备损坏或刀具损坏的现象。

　　⑨生产操作过程中,不得用手或其他物件接触设备运动部位或清除废料等工作,必须停机后方可清理。

　　⑩设备周围不得放置产品及其他杂物,废料应及时清理,以免造成设备磕碰损坏或设备运动件缠绕发生危险。

　　⑪设备运行过程中,不准闲聊,不准脱岗,不准串岗,不准睡岗,不准坐着工作,以免发生意外造成设备损坏及人身伤害。

　　⑫工作完成后,必须认真填写交接班记录,关闭电源,保养设备,清理好工作现场。整齐存放产品,确保道路畅通,做好车间文明生产。

2.2.2 拆装工具安全操作规程

①使用工具人员,必须熟知工具的性能、特点、使用、保管和维修及保养方法。

②工作前,必须对工具进行检查。严禁使用腐蚀、变形、松动、有故障、破损等不合格工具。

③带有牙口、刃口尖锐的工具及转动部分应有防护装置;使用特殊工具时,应有相应安全措施。

④小型工器具放在工具袋中妥善保管。

⑤手动工具携带时,应放在专用的套带里或工具袋、工具桶中,不要放在衣裤的口袋里,更不要插在腰带上。

⑥暂不用的工具存放位置要得当,禁止放在机器或设备上,以免脱落伤人。

⑦需装木柄的手工工具、木柄与工具的联接必须牢靠、坚固,以防使用时木柄折断或锤头飞出。在使用中,如发现有松动现象的手柄,必须立即楔紧。

⑧作业人员之间应手递手地传递工具,不要抛掷;传递带锋利刃口的工具时,要把柄部向着接收工具的人。

⑨正确使用锉刀。一般用右手握紧锉柄,左手握住或扶住锉刀的前边,两只手均匀用力,施力不要过大,以免使锉刀折断;锉刀用后,应妥善放置,不应重叠摆放,以免损坏锉齿。

⑩扳手、螺丝刀、顶拔器等常用工具使用时,应根据工件形状、尺寸及工作条件合理选择工具类型和规格。

2.2.3 模具拆装安全操作规程

①模具搬运时,注意上、下模(或动定模)须在合模状态用双手(一手扶上模,另一手托下模)搬运,注意轻放、稳放。

②进行模具拆装工作前,必须检查工具是否正常,并按工具安全操作规程操作,注意正确使用工量具。

③拆装模具时,首先应了解模具的工作性能、基本结构及各部分的重要性,按顺序拆装。

④使用铜棒、撬棒拆卸模具时,姿势要正确,用力要适当。

⑤使用螺丝刀时:

a.螺丝刀口不可太薄、太窄,以免松紧螺钉时滑出。

b.不得将零部件拿在手上用螺丝刀松紧螺钉。

c.螺丝刀不可用铜棒或锤子锤击,以免手柄砸裂。

d.螺丝刀不可当凿子使用。

⑥使用扳手时:

a.必须与螺帽大小相符,否则会打滑使人摔倒。

b.扳手紧螺栓时,不可用力过猛;松螺栓时,应慢慢用力扳松。注意可能碰到的障碍物,防止碰伤手部。

⑦拆卸的零部件应尽可能放在一起,不要乱丢、乱放,注意放稳、放好。工作地点要经常保持清洁,通道不准放置零部件或者工具。

⑧拆卸模具的弹性零件时,应防止零件突然弹出伤人。

⑨传递物件要小心,不得随意投掷,以免伤及他人。

⑩不能用拆装工具玩耍、打闹,以免伤人。

2.2.4　冲压模具装调维修安全操作规程

(1)模具的搬运

①用叉车搬运应遵从叉车安全操作规程。

②用吊车吊运应遵从吊车安全操作规程。

③用工装车推运,应考虑工装车的承载能力。模具放置平稳轻放,要注意观察周围情况及路面情况,防止车辆振动引起模具滑落伤人。部分必要时,配备专用模座整体搬运。

④人力搬运要保证模具稳当、人力充足、手柄可靠。

⑤用叉车、工装车等车搬运较大模具时不准两件堆放和超高,防止滑落伤人。

(2)模具的安装

安装前,要检查模具是否完好,各联接螺栓是否紧固可靠,确认后再行安装。

1)在油压机上压装

①安装前,要检查设备是否完好,安全装置是否齐全可靠。

②支承顶木,并保证顶木稳定可靠(顶木应捆牢在油压机立柱上,顶木采用不少于 150 mm × 150 mm 的硬质方木,并漆上黄黑相间的斜纹)。

③模具安装,如两人以上共同进行,须指定一个负责指挥,协调动作。人员应站在安全位置,以便出现意外时便于躲闪。

④模具的固定要均匀可靠。

2)在立式冲床上安装

①安装前,一定要停机,切断总电源,并检查设备的机械装置是否完好。

②在设备状态良好的条件下,用人力调节滑块高度,进行模具安装,两人以上操作应指定一人指挥,协调动作。

③模具的固定要均匀、可靠。

3)在其他设备上安装

不论在高速自动冲床、钣金成型机还是调直剪板机上安装模具,一定要在停机状态下进行;两人以上共同操作,须指定专人负责指挥,协调动作。

(3)模具的调试

模具的调试要缓慢进行,并仔细观察模具的动作过程,发现问题,立即停机。

(4)模具的维修

机台上在用模具的维修,必须在停机状态下进行。如出现大故障,可拆卸后到机修车间进行维修。

(5)模具的拆卸

①拆卸模具前,应先将上下模闭合。必要时,还应将上下模紧固。

②先停机断电,然后再松卸螺栓。

③开机(油压机)卸上模时,必须加顶木。

④其他应按照安装搬运安全要求进行。

2.2.5 注塑模具装卸安全操作规程

(1)模具的搬运

①用叉车搬运应遵从叉车安全操作规程。

②用吊车吊运应遵从吊车安全操作规程。

③用工装车推运,应考虑工装车的承载能力。模具放置要平稳轻放,要注意观察周围情况及路面情况,防止车振动引起模具滑落伤人。有些模具应配备专用模座整体搬运。

④人力搬运要保证模具稳当、人力充足、手柄可靠。

⑤用叉车、工装车等车搬运较大模具时,不准两件堆放和超高,防止滑落伤人。

(2)模具的安装

①安装前,要检查模具是否完好,各联接螺栓是否紧固可靠,确认后再行安装。

②安装前,要检查设备是否完好,安全装置是否齐全可靠,顶针位是否匹配。

③模具安装,如两人以上共同进行,须指定一个负责指挥,协调动作。人员应站在安全位置,以便出现意外时便于躲闪。

④使用行吊将模具吊至注塑机内,过程须遵守吊车安全操作规程。

⑤当模具定位圈装入注塑机上定模板的定位圈座后,用极慢的速度合模,使动模板将模具轻轻压紧,然后上压紧板。压紧板上一定要装上垫片,压紧板必须是左右各装4块。上压紧板时,必须注意将螺栓高度调至适当位置并使用合适的垫铁,保证压紧板与模脚高度平行,使模具各受力点受力均匀。

⑥使用液压夹具的设备,在安装前须检查压缩气管是否连接通畅,控制器闭锁开关是否打到对应状态。安装时,应动定模板同时加压。当压力达到设定值后,绿色指示灯亮,应将控制器开关锁闭,断开压缩空气,观察压力表指针是否下降。确定无误后,方可完成安装过程。

⑦模具的固定要均匀、可靠。经专人挨个细致检查确定后,完成安装。

(3)模具的拆卸

①拆卸模具前,应先将动定模闭合。必要时,还应将动定模紧固。

②使用行吊将模具吊住防止模具下坠,注意力度适中,避免行吊力量过大造成设备伤害。调整行吊位置,保证行吊及模具平稳,防止模具卸力后倾斜甩动。

③先停机断电,然后再松卸螺栓。

④将螺栓、螺母、垫铁、压板统一放置至规定区域,清点数量无误后方可开模。

⑤使用液压夹具的设备在拆卸模具前须检查压缩气管是否连接通畅,控制器闭锁开关是否打到对应状态。拆卸时,应动、定模板同时卸压。当完全卸压后,红色指示灯亮,将夹具脱开模板范围并确定无误后,方可开模。

⑥其他可照安装搬运要求进行。

(4)特殊情况

如遇特殊情况,必须动定模分开安装或拆卸的,须遵循以下规则:

①必须两人以上共同进行,须指定一人负责指挥,协调动作。人员应站立在安全位置,以便出现意外时便于躲闪。

②动作应格外细致缓慢,确认无误后方可操作。

③模具的吊装必须确保平稳,避免大幅甩动造成伤害。

④使用液压夹具的设备动定模分开安装或拆卸时,必须认清控制器上的动、定模控制按钮,防止出现误操作。禁止同时加压或卸压。

模具小词典

常用模具材料——20CrMnTi 钢

图 2-3　20CrMnTi 钢

(1)材料特性

20CrMnTi 钢属于合金渗碳钢,是渗碳型塑料模具钢(见图 2-3)。该钢的渗碳与热处理工艺性能良好,在温度不超过 960 ℃时为细晶粒组织,在常用的渗碳温度下长期加热,晶粒无长大倾向,淬火后的残留奥氏体甚少。因此,该钢具有较高的强度和耐磨性,可加工性良好,主要性能与 20CrNi 钢相似。

(2)加工工艺路线

加工工艺路线为:下料→锻造模坯→退火→机械粗加工→冷挤压成形→再结晶退火→机械精加工→渗碳→淬火、回火→研磨抛光→装配。

(3)热处理规范

退火温度 860～880 ℃,出炉空冷,硬度≤217 HBW,正火温度 920～950 ℃,出炉空冷,硬度 156～207HBW。淬火温度 860～900 ℃,油冷,回火温度 500～650 ℃,油冷以避免高温回火脆性。渗碳温度 900～920 ℃,淬火温度 820～850 ℃,油冷,硬度>60HRC;180～200 ℃×1.5 h 回火,空冷,表面硬度>60HRC,心部硬度 35～40HRC。碳氮共渗温度 840～860 ℃,共渗后直接淬火,淬火温度 830～850 ℃,油冷,硬度≥60HRC。回火温度 160～180 ℃,空冷,表面硬度 58～62HRC。

(4)应用举例

①压制铝套冷挤压模,D16,D20 型压制钢丝绳铝套冷挤压模,原采用 CrWMn 钢淬火回火,硬度为 45～50HRC,尽管硬度要求在冷挤压模中降低,但由于 CrWMn 钢组织中存在碳化物的不均匀性,易造成模具崩刃、开裂而早前失效,使用寿命仅为 1 000 多件,有的仅几百件。当选用 20CrMnTi 钢制作这两种铝套冷挤压模,经 950 ℃加热、盐水淬火后,不回火直接使用,模具硬度为 46～48HRC,压制铝套 2 000 多件,且仍在继续使用。

②国内也有不少应用低碳马氏体钢强烈淬火工艺制作冷作模具的实例。

③用于小型精密型腔嵌件,还可用渗碳增加表面硬度,提高耐磨。

④用于受磨损较大、受较大载荷及生产批量较大的模具。

学习巩固

一、填空题

1. 在工厂的生产中,因为一个小小的_____,就可能引发一连串的安全事故。

2. 生产操作过程中,不得用手或其他物件接触_____或_____等工作,必须_____后方可清理。

3. 如设备发生故障,应立即_____,及时_____。检修过程中,必须在断电开关及操作台前悬挂_____。

4. 设备运行过程中,不准_____,不准_____,不准_____,不准_____,不准_____,以免发生意外造成_____。

5. 设备周围不得放置_____及_____,废料应_____,以免造成设备_____或设备运动件缠绕发生危险。

6. 工作完成后,必须认真填写_____,关闭电源,保养设备,清理好工作现场。整齐存放_____,确保_____,做好车间文明生产。

7. 带有牙口、刃口尖锐的工具及转动部分应有_____;使用特殊工具时,应有_____。

8. 暂不用的工具存放位置要得当,禁止放在_____上,以免脱落伤人。

9. 作业人员之间应_____地传递工具,不要抛掷;传递带锋利刃口的工具时,要把_____向着接收工具的人。

10. 模具搬运时,注意上、下模(或动定模)须在_____用双手(一手扶上模,另一手托下模)搬运,注意轻放、稳放。

11. 扳手紧螺栓时,不可_____;松螺栓时,应_____。注意可能碰到的障碍物,防止碰伤手部。

12. 拆卸的零部件应尽可能_____,不要乱丢、乱放,注意放稳、放好。工作地点要经常保持清洁,通道不准放置_____或者_____。

13. 模具安装,如两人以上共同进行,须_____,协调动作。人员应站在_____,以便出现意外时便于躲闪。

14. 模具的调试要缓慢进行,并仔细观察模具的_____,发现问题,立即_____。

15. 机台上在用模具的维修,必须在_____状态下进行。如出现大故障,可_____进行维修。

16. 用叉车、工装车等车搬运较大模具时,不准_____和_____,防止滑落伤人。

17. 20CrMnTi 钢属于合金渗碳钢,是渗碳型_____模具钢。该钢的渗碳与热处理工艺性能良好,可用于_____、受较大载荷及生产批量较大的模具。

二、简述题

1. 简述模具车间的安全操作规程。

2. 简述拆装工具的安全操作规程。

3. 简述模具拆装的安全操作规程。

4. 简述冲压模具装调维修的安全操作规程。

5. 简述注塑模具装卸的安全操作规程。

第 **2** 部分
拆装篇

学习任务 **3**
拆装倒装复合模

 学习目标

知识点：

- 模具拆装工具和用品的名称、功能和使用方法。
- 倒装复合模的结构组成与零部件作用。
- 倒装复合模的工作原理。
- 冲模拆装常识和注意事项。

技能点：

- 会正确选择和使用模具拆装工具和用品。
- 能正确识别倒装复合模的结构，说出各零部件的作用。
- 会正确拆卸倒装复合模。

- 会正确装配倒装复合模。
- 自觉遵守安全文明生产规程,养成安全文明生产习惯。
- 养成踏实严谨、精益求精、爱岗敬业、积极进取、总结反思、团队合作的职业素养。

建议学时

16 课时。

学习活动 3.1　拆卸倒装复合模

活动描述

本学习活动是拆卸如图 3-1 所示的倒装复合模。通过本学习活动的学习,理解倒装复合模的结构组成和工作原理,掌握拆装工具的正确使用和正确拆卸该类模具的工艺方法。

活动分析

图 3-1　倒装复合模实物

冲压是利用模具使板料经分离或变形而得到制件的工艺,因此具有生产率高、零件尺寸稳定、操作简单、成本低廉等特点。复合模是在同一位置能同时完成几个不同的冲压工序的模具。某倒装复合模的爆炸图如图 3-2 所示。通过本学习活动完成倒装复合模的拆卸,掌握模具拆装工具的使用,理解倒装复合模的工作原理、整体结构和配合方式,掌握正确的模具拆卸工艺方法。

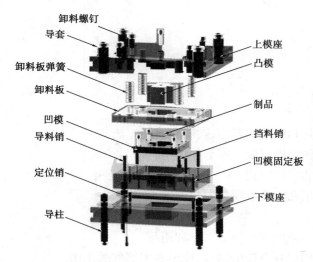

图 3-2　倒装复合模爆炸图

活动准备

（1）模具准备

分组准备模具：根据模具拆装实训安排的人数，一般按4～6人为一个小组进行分组，每组准备一套倒装复合模，如图3-1所示。

（2）工具用品准备

模具拆装用工具和防护用品如图3-3所示。

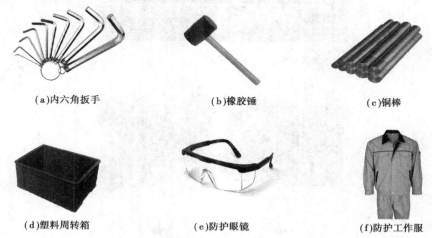

(a)内六角扳手　　　　　(b)橡胶锤　　　　　(c)铜棒

(d)塑料周转箱　　　　　(e)防护眼镜　　　　　(f)防护工作服

图3-3　模具拆装用工具与防护用品

（3）分组活动准备

1）分组安排

根据学习人数分组，以4～6人一组为最佳，每组选出一名组长，同组人员分工负责拆装、测量、观察、记录、装配与总结等活动任务。

2）工具领用管理

以组为单位，组长负责领用并清点拆装与测量所用的工量具、防护用品等，熟悉工量具的正确使用方法与使用要求。实训结束时按清单清点工量具，等指导教师验收无误才能下课。

3）学习遵守安全操作规程

模具拆装实训是模具专业重要的实训环节，要求实训前让学生认真学习模具拆装安全操作规程，实训时认真管理学生，严格执行安全操作规程，树立安全理念、强化安全意识。

知识链接

3.1.1　倒装复合模简介

复合模是同一位置能完成几个不同的冲压工序的模具。倒装复合模是凸凹模装在下模座上的复合模，上模部分装有落料凹模和冲孔凸模，下模装有弹性卸料装置和凸凹模。结构紧凑效率高，适用于多孔零件的冲裁和制件平直度要求不高的制件，操作方便、安全。

本倒装复合模是冲压带有两处穿孔的十字工件，料带利用挡料销定位。

3.1.2 倒装复合模的拆卸流程

倒装复合模的拆卸流程如图 3-4 所示。

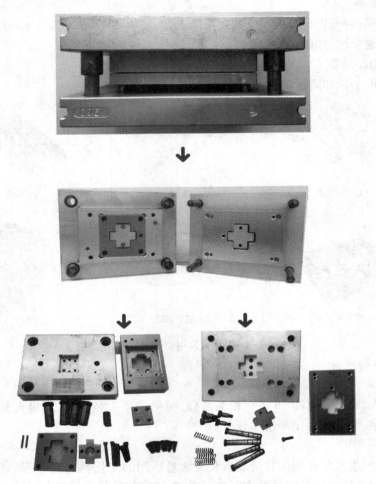

图 3-4 倒装复合模拆卸流程图

3.1.3 冲压模具拆卸注意事项

在模具拆装安全操作规程的基础上,拆卸冲压模具时还需要注意以下 6 点:

①分开上下模具严禁用铁锤,只能用铜锤或胶锤敲开。

②松开六角螺钉过紧时,可先喷防锈油再进行松开,以防损坏螺钉与模具部件。

③拆卸模具联接零件时,应先取出模内的定位销,再选出模内的六角螺钉。

④出定位销时,必须轻拿轻放,不能用蛮力以免拉断。

⑤拆卸过程中,要记清楚各零部件在模具中的位置(记录模具各零件的名称、功能),并放在指定位置,以便重新装配。

⑥遇到其他困难时先分析原因,并请教师傅或老师,不能随意操作,以免损坏模具。

活动实施

（1）教师示范演示

通过教师示范演示，指导学生理解倒装复合模的拆卸过程。

①倒装复合模下模的拆卸过程

倒装复合模下模如图 3-5 所示，拆卸开的下模零件如图 3-6 所示。

图 3-5　倒装复合模下模　　　　　　　　图 3-6　倒装复合模下模零件

其拆卸顺序如图 3-7 所示。

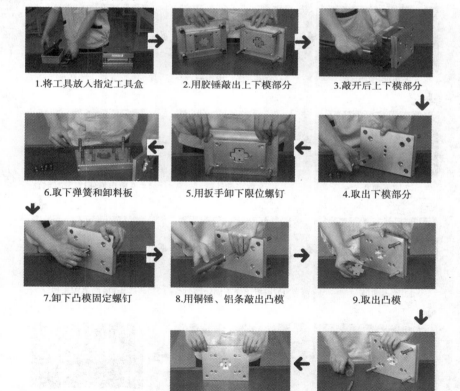

1.将工具放入指定工具盒　　2.用胶锤敲出上下模部分　　3.敲开后上下模部分

6.取下弹簧和卸料板　　5.用扳手卸下限位螺钉　　4.取出下模部分

7.卸下凸模固定螺钉　　8.用铜锤、铝条敲出凸模　　9.取出凸模

11.下模拆卸完毕　　10.用铜锤敲出导柱

图 3-7　倒装复合模下模拆卸顺序

②倒装复合模上模的拆卸过程

倒装复合模上模如图 3-8 所示,拆卸开的上模零件如图 3-9 所示。

图 3-8　倒装复合模上模　　　　　　　　图 3-9　倒装复合模上模零件

其拆卸顺序如图 3-10 所示。

1.拿对应的六角扳手　　　2.松开凹模固定板螺钉　　3.用铜锤与铝棒敲出定位销

6.取出凹模固定板　　　　5.用扳手卸下固定螺钉　　4.取下定位销

7.取下弹簧　　　　　　　8.取出推件块　　　　　　9.取出推件块限位销钉

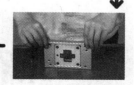

12.取出凹模　　　　　　11.用扳手卸下固定螺钉　　10.取凹模固定板

13.用扳手卸下固定螺钉　　14.用铜锤敲出成形针　　15.取出成形针垫板及成形针

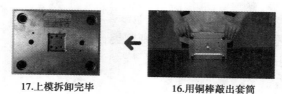

17.上模拆卸完毕　　　　16.用铜棒敲出套筒

图 3-10　倒装复合模上模的拆卸顺序

（2）学生分组实操学习

学生以小组为单位，分组实操学习拆卸倒装复合模。

1）规范着装检查

各小组组长首先对小组成员的着装是否规范进行检查，并将检测结果填入表 3-1 中。

表 3-1　规范着装检查表

检查项目	记　　录
工作服穿好了吗	是□　否□
身上的饰物摘掉了吗	是□　否□
穿的鞋子是否防滑、防扎、防砸	是□　否□
正确戴好工作帽和防护眼镜了吗	是□　否□
女生把长发盘起并塞入工作帽内了吗	是□　否□

2）正确拆卸模具

小组分工协作，正确拆卸倒装复合模具，并按表 3-2 填写拆卸步骤。拆卸的模具零件须按上、下模分别归类，整齐摆放。指导教师要巡视学生拆卸模具的全过程，发现拆卸中不规范的姿势及方法要及时予以纠正。

表 3-2　倒装复合模的拆卸步骤

工　序	工　步	操作步骤内容	选用工具

3）学习成果展示

以小组为单位展示学习成果，每小组须选派代表把小组学习情况现场向师生介绍展示。

4）"6S"场室清理

①清点拆卸的模具零件是否按上、下模分别归类，整齐摆放。

②拆卸用工具须擦拭干净放回工具箱（盒）。

③做好场室清洁卫生工作。

5）学习评价

按冲压模具拆装学习评价表3-3对学生学习情况进行评价。

各小组须对小组成员的学习情况给出小组评价成绩；各小组须根据小组介绍展示的学习情况，给出小组互评成绩；教师须根据学生现场学习表现和小组学习情况，给出教师评价成绩。

表3-3　冲压模具拆装学习评价表

班级		小　组			姓　名			
序号	评价内容	分　值		评价标准	评定成绩			
					小组评价20%	小组互评20%	教师评价60%	合　计
1	认识模具结构	5		每错一项扣分				
2	模具拆装准备	5		总体情况评分				
3	上模正确拆卸	12		每错一项扣2分				
4	下模正确拆卸	12		每错一项扣2分				
5	上模正确装配	12		每错一项扣2分				
6	下模正确装配	12		每错一项扣2分				
7	正确合模	12		总体情况评分				
8	工具用品正确选用和操作	10		总体情况评分				
9	"6S"场室清理	10		总体情况评分				
10	安全文明生产	10		总体情况评分				
总评成绩								
学习记录：								

模具知识小词典

常用制作模具材料——2738

2738模具钢是德国DIN标准的钢材牌号（见图3-11），由布德鲁斯生产，具有良好的机械性能,可加工性良好,故在模具行业应用较为广泛,其中主要用于塑胶模具的加工生产。由于 2738 模具钢在出厂时已经进行了预硬处理,因此,能够直接用于加工,从而减少了正常模具生产过程中的热处理环节,提高经济效益。2738 预硬化塑胶模具钢,布德鲁斯模具钢,执行标准 29～33HRC。

图 3-11　2738 模具

2738 添加约 1% 的镍含量,预硬度好。由于添加了镍元素,提高其淬透性能,大截面厚板硬度分布均匀。主要应用在大型塑胶模具、模架上,如汽车保险杠、电视机外壳模具等。适合要求高光整度的模具,如生产硬胶(PS)和超不淬胶(ABS)等。其特点:优良加工性能,易切削抛光和电蚀。

2738 钢材中加入镍成分,硬度均匀,拥有优越的加工性能及抛光性能。主要使用于高要求的大小塑胶模具,适合电视机、传真机、家电塑胶部件、汽车部件等要求一定抛光性的塑胶模。

其典型应用如下:

①适合要求高光整度的模具。

②该钢氮化后的表层硬度可达到 650～700HV,制品数量可达到 100 万模次以上。

③特别适合厚度大于 400 mm 的塑料模模架。

④适用于各种高抛光度和大型塑料模具,如家电、汽车行业、办公设备用塑料模具等。

⑤用于大型塑料模具、模架上,如汽车保险杠、电视机外壳模具等。

学习巩固

一、填空题

1. 冲压是利用模具使板料经_____或_____而得到制件的工艺,因此具有生产率高、零件尺寸稳定、操作简单、成本_____等特点。

2. _____是同一位置能完成几个不同的冲压工序的模具。

3. 倒装复合模上模部分装有_____和_____。

4. 倒装复合模下模装有_____和_____。

5. 分开上下模具严禁用_____,只能用_____或_____敲开。

6. 遇到其他困难时先分析原因,并请教_____,不能_____,以免_____。

二、问答题

你在拆卸模具的过程中是否每个安全事项和步骤都做好了? 请列出没有做好的地方和原因。

_____

_____

_____

_____

_____

三、看图填写题

正确填写如图 3-12 所示拆卸工具的名称。

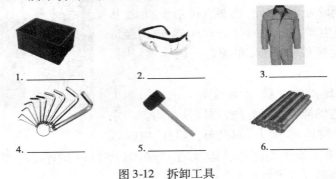

1.＿＿＿＿＿＿   2.＿＿＿＿＿＿   3.＿＿＿＿＿＿

4.＿＿＿＿＿＿   5.＿＿＿＿＿＿   6.＿＿＿＿＿＿

图 3-12　拆卸工具

四、简述题

1. 简述倒装复合模的工作原理。

2. 简述拆卸冲压模的注意事项。

3. 简述倒装复合模的拆卸步骤。

学习活动 3.2　认知倒装复合模的结构

活动描述

本学习活动是要认知倒装复合模的结构。通过本学习活动的学习，能够熟悉、理解倒装复合模的结构组成和各零部件的名称和作用。

知识链接

3.2.1　认知倒装复合模上模结构

倒装复合模上模如图 3-13 所示，上模零件如图 3-14 所示。

图 3-13　倒装复合模上模

图 3-14　倒装复合模上模零件

倒装复合模上模各零部件及名称如图 3-15 所示。

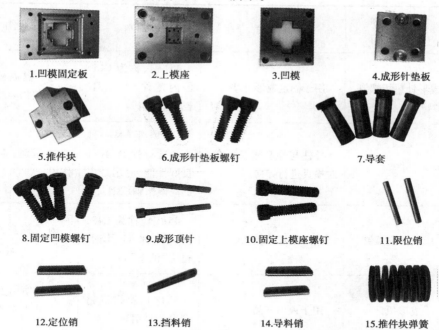

1.凹模固定板	2.上模座	3.凹模	4.成形针垫板
5.推件块	6.成形针垫板螺钉		7.导套
8.固定凹模螺钉	9.成形顶针	10.固定上模座螺钉	11.限位销
12.定位销	13.挡料销	14.导料销	15.推件块弹簧

图 3-15　倒装复合模上模零部件及名称

倒装复合模上模各零部件明细见表 3-4。

表 3-4　倒装复合模上模部分零部件明细表

编　号	零部件名称 （上模部分）	用　途	材　料	说　明
1	凹模固定板	用于藏凹模	S50C（是高级优质中碳钢）	一般都采用组合式，方便更换
2	上模座	安装螺钉之前,对凹模固定板先进行定位	SUJ2（高碳铬轴承钢）	对于有装配精度的,一般首先安装定位销,然后再安装螺钉
3	凹模	两者相互配合,形成所要产品的形状	GGG70L（相当于球墨铸铁 QT700L）	冲压时,两者需承受较大冲压力,应满足其强度和刚度要求
4	成形针垫板	为成形针定位固定	45#钢（称为 C45,国内常称 45 号钢,也称"油钢"）	设计时,应考虑计算垫板承受力
5	推件块	把产品从凹模中顶出来	45#钢（称为 C45,国内常称 45 号钢,也称"油钢"）	满足模具强度和刚度要求

续表

编 号	零部件名称 （上模部分）	用 途	材 料	说 明
6	成形针垫板螺钉	用于固定成形针垫板	45#钢（称为 C45，国内常称 45 号钢，也称"油钢"）	为了提高硬度与寿命，一般需要热处理
7	导套	导柱与导套相互配合，对模具进行导向	GCr15 钢（是一种合金含量较少、具有良好性能、应用最广的高碳铬轴承钢）	冲压时，起到导向作用
8	固定凹模螺钉	用于固定凹模螺钉	45#钢（称为 C45，国内常称 45 号钢，也称"油钢"）	为了提高硬度与寿命，一般需要热处理
9	成形顶针	用于顶出产品	SKD61（高碳高铬合金工具钢）	一般使用顶针顶出，在产品上会存在顶出痕迹
10	固定上模座螺钉	用于固定上模座	45#钢（称为 C45，国内常称 45 号钢，也称"油钢"）	为了提高硬度与寿命，一般需要热处理
11	限位销	安装螺钉之前，对模具先进行限位	Skh51（成分较多的合金钢）	对于有装配精度的，一般首先安装限位销，然后再安装螺钉
12	定位销	安装螺钉之前，对模具先进行定位	Skh51（成分较多的合金钢）	对于有装配精度的，一般首先安装限位销，然后再安装螺钉
13	挡料销	引导板料的传输	Skh51（成分较多的合金钢）	满足模具强度和刚度要求
14	导料销	引导板料的传输	Skh51（成分较多的合金钢）	满足模具强度和刚度要求
15	推件块弹簧	为压料板的反向运动提供动力	65Mn（高性能的弹簧钢）	设计时，应考虑弹簧的最大压缩量和使用寿命

3.2.2 认知倒装复合模下模结构

倒装复合模下模如图 3-16 所示,下模零件如图 3-17 所示。

图 3-16 倒装复合模下模   图 3-17 倒装复合模下模零件

倒装复合模下模各零部件及名称如图 3-18 所示。

1.下模座   2.卸料板   3.凸凹模   4.凸模固定螺钉

5.导柱   6.弹簧   7.卸料板限位螺钉

图 3-18 倒装复合模下模零部件及名称

倒装复合模下模各零部件明细见表 3-5 所示。

表 3-5 倒装复合模下模零部件明细表

编号	零部件名称 (下模部分)	用 途	材 料	说 明
1	下模座	与微型拉伸机的工作台面固定	S50C(是高级优质中碳钢)	侧面开设码模槽
2	卸料板	将冲裁后套在凸模上的条料卸下	45#钢(称为 C45,国内常称 45 号钢,也称"油钢")	
3	凸凹模	两者相互配合,形成所要产品的形状	GGG70L(相当于球墨铸铁 QT700L)	冲压时,两者需承受较大冲压力,应满足其强度和刚度要求

续表

编号	零部件名称（下模部分）	用　途	材　料	说　明
4	凸凹模固定螺钉	用于固定凸模螺钉	45#钢（称为 C45，国内常称 45 号钢，也称"油钢"）	为了提高硬度与寿命，一般需要热处理
5	导柱	相互配合，对模具进行导向	GCr15（高碳铬轴承钢）	冲压时，起到导向作用
6	弹簧	为压料板的运动提供动力	65Mn（弹簧钢）	设计时，应考虑弹簧的最大压缩量和使用寿命
7	卸料板限位螺钉	限制压板料的运动距离	45#钢（称为 C45，国内常称 45 号钢，也称"油钢"）	为了提高硬度与寿命，一般需要热处理

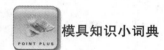 **模具知识小词典**

常用模具材料——T10A 钢

T10A 钢是碳素工具钢（见图 3-19）。

（1）主要特性

T10A 钢是通用低淬透性冷作模具钢，高级高碳工具钢。优点是可加工性能好，价格便宜，来源容易，但是淬透性较差，淬火变形大，因为钢中含有合金元素少，回火抗力低，因而承载能力低。虽有高的硬度和耐磨度，但是小截面工件韧性不足，大截面段坯有残余网状碳化物倾向。

图 3-19　T10A 钢

（2）T10A 典型应用举例

①用于制作一般冲模，批量小于 10 万件时，被冲材料为软态低碳钢板，料厚小于 1 mm。

②用于制造冷拔、拉伸凹模，在工作中磨损超差后，可首先经过高温回火，然后重新常规淬火，可自行缩孔复厚。

③用于制造剪切厚度为 11 mm 中厚钢板的长剪刃，施行薄壳淬火后，疲劳抗力提高，崩刃倾向减小，适用寿命比 9CrWMn 钢高 7 倍。

④用于冲制软质硅钢片上的小孔。

⑤可用于制造料厚小于 3 mm 的冲裁模的凸模、凹模、镶块。做凸模时，硬度选用 58 ~ 62 HRC；做凹模时，硬度选用 60 ~ 64HRC。

⑥可用于制造一般弯曲模的凸模、凹模、镶块，硬度选用 56 ~ 60HRC。

⑦制作一般拉延模的凸模、凹模、镶块。做凸模时,硬度选用 58～62HRC;做凹模时,硬度选用 60～64HRC。

⑧用于制造铝件冷挤压模中的凹模时,硬度选用 62～64HRC。

⑨用于各种中小批量生产的冷冲模,以及需要在薄壳硬化状态下适用的整体式冷镦模、冲剪工具等。

⑩用于冷作冲头（凸模）,轻载荷、小尺寸,硬度 58～60HRC;用于六角螺母冷镦模,硬度 48～52HRC。

⑪采用该钢可用于制作拉丝模和简单的冲裁模。

⑫适用于各种中小生产批量的模具和抗冲击载荷的模具。

⑬采用 9CrWMn 钢制作剪切厚度为 11 mm 中厚钢板的长剪刃,虽然剪刃淬火操作方便,但在使用中容易崩刃,剪刃使用寿命较短。改用 T10A 钢制作剪刃后,由于采用薄壳淬火,使疲劳抗力提高,崩刃倾向减小,剪刃使用寿命延长 7 倍。

⑭硬度为 56～58HRC 的 T10A 钢冲头,在软质硅钢片上冲小孔,仅冲了数千片之后就因毛刺过大而失效。如果将冲孔模的硬度提高到 60～62HRC,则使用寿命可增加到 2 万～3 万次。如果继续提高模具硬度,则容易出现早期断裂,使模具使用寿命降低。

⑮采用该钢制作的冷镦模具光冲,其型腔深而陡,使用中常发生早期塌陷失效,冲头使用寿命小于 4 000 次。经分析是由于型腔磨削时进给量过大,烧伤软化。后改进磨削工艺,光冲使用寿命显著提高,稳定在 3 万次以上。

⑯采用该钢制作冷冲模具,冲裁表面光亮的薄钢板时,每刃磨一次具可冲 3 万次左右;当改用同等厚度的黑铁皮（热轧钢板）时,使用寿命下降为 1.7 万次左右。半热轧洗钢板的表面尽管没有氧化皮,但存在"硬壳",因此会严重降低冲模使用寿命。

⑰剪板机的剪刀选用该钢制作。

⑱该钢冷镦模低温短时加热淬火,按原工艺（780 ℃×20 min 盐浴加热淬火）处理时获得孪晶马氏体组织,存在显微裂纹。在冲击载荷作用下,由于韧性差,常产生崩刃。现采用 750 ℃×14 min 盐浴加热淬火,200 ℃回火处理后,可得到细小的片状马氏体和体积分数为 50% 以上的低碳马氏体,减少了显微裂纹,在保证高硬度的同时,具有较高韧性,从而提高使用寿命近 1 倍。

⑲采用该钢可制作拉丝模和简单的冲裁模等。

⑳T10A 钢塑料模顶杆盐浴分级淬火一股采用盐水、油双液淬火,变形大,而油淬硬度低。采用硝盐浴分级淬火,使用寿命提高 1～3 倍。

㉑淬硬型塑料模具用钢,适于制作尺寸不大、受力较小、形状简单以及变形要求不高的塑料模。

㉒用于导柱、导套、推板导柱、推板导套,淬火硬度 50～55HRC。

㉓用于塑料模具的斜销、滑块、锁紧楔,淬火硬度 54～58HRC。

㉔用于推杆、推管,淬火硬度 54～58HBC。

㉕用于加料室、柱塞,淬火硬度 50～55HRC。

㉖用于型芯、凸模、型腔板、镶件,淬火硬度 46～52HRC,还可用于热固性塑料模具的小型芯制件等。

㉗适宜于制作要求耐磨性较高、尺寸较小的热固性塑料成型模。

学习巩固

一、看图填写题

请正确填写倒装复合模各零件的名称和作用。

（一）倒装复合模上模零件名称及作用（见图3-20）

1. (   )
作用：_____

2. (   )
作用：_____

3. (   )
作用：_____

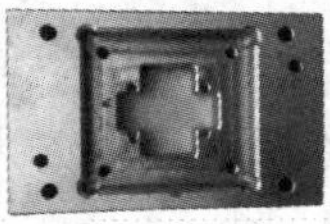

4. (   )
作用：_____

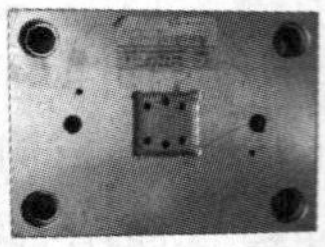

5. (   )
作用：_____

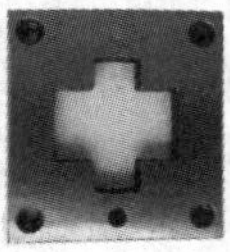

6. (   )
作用：_____

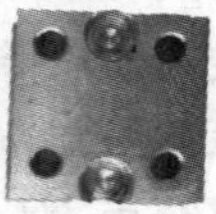

7. (   )
作用：_____

8. (   )
作用：_____

9. (   )
作用：_____

10. (   )
作用：_____

11. (   )
作用：_____

12. (   )
作用：_____

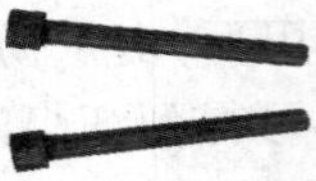

13. (   )
作用：_____

14. (   )
作用：_____

15. (   )
作用：_____

图3-20　倒装复合模上模零件名称及作用

（二）倒装复合模下模零件名称及作用（见图3-21）

1.（　　　　　　）
作用：＿＿＿＿＿＿＿

2.（　　　　　　　　　）
作用：＿＿＿＿＿＿＿＿＿＿

3.（　　　　　　　　　）
作用：＿＿＿＿＿＿＿＿＿＿

4.（　　　　　　）
作用：＿＿＿＿＿＿＿

5.（　　　　　　）
作用：＿＿＿＿＿＿＿

6.（　　　　　　）
作用：＿＿＿＿＿

7.（　　　　　　）
作用：＿＿＿＿＿＿

图3-21　倒装复合模下模零件名称及作用

二、填空题

1.采用＿＿＿＿＿＿可用于制作拉丝模和简单的冲裁模。

2.用于导柱、导套、推板导柱、推板导套,淬火硬度＿＿＿＿＿＿。

3.用于型芯、凸模、型腔板、镶件,淬火硬度＿＿＿＿＿,还可用于＿＿＿＿＿＿模具的小型芯制件等。

4.T10A碳素工具钢用于各种中小批量生产的＿＿＿＿＿＿,以及需要在薄壳硬化状态下适用的整体式＿＿＿＿＿、＿＿＿＿＿等。

5.T10A碳素工具钢适用于各种＿＿＿＿＿批量的模具和＿＿＿＿＿的模具。

6.＿＿＿＿＿＿模具用钢,适于制作尺寸不大、受力较小、形状简单以及变形要求不高的塑料模。

三、简述题

1.简述T10A钢的主要特性。

2.举例说明T10A钢有哪些典型应用。

学习活动3.3　装配倒装复合模

 **活动描述**

本学习活动是在正确拆卸倒装复合模的基础上,学习选用合适的模具装配工具正确装配倒装复合模。

活动准备

（1）模具准备

分组准备模具：根据模具拆装实训安排的人数，一般按 4 ~ 6 人为一个小组进行分组，每组准备一套倒装复合模，如图 3-1 所示。

（2）工具用品准备

模具装配用工具和防护用品如图 3-22 所示。

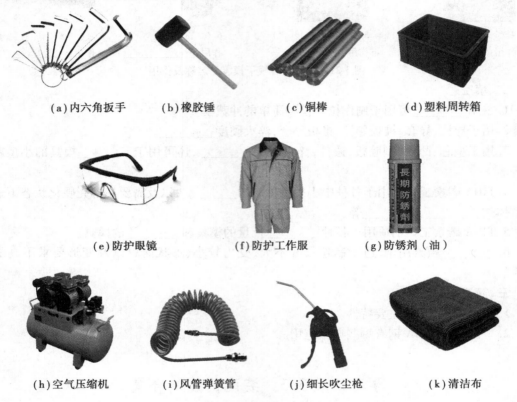

| (a)内六角扳手 | (b)橡胶锤 | (c)铜棒 | (d)塑料周转箱 |

| (e)防护眼镜 | (f)防护工作服 | (g)防锈剂（油） |

| (h)空气压缩机 | (i)风管弹簧管 | (j)细长吹尘枪 | (k)清洁布 |

图 3-22　装配用工具和防护用品

（3）分组活动准备

1）分组安排

根据学习人数分组，以 4 ~ 6 人一组为最佳，每组选出一名组长，同组人员分工负责拆装、测量、观察、记录、装配与总结等活动任务。

2）工具领用管理

以小组为单位，组长负责领用并清点拆装与测量所用的工量具、防护用品等，熟悉工量具的正确使用方法与使用要求。实训结束时，按清单清点工量具，待指导教师验收无误才能下课。

3）学习遵守安全操作规程

模具拆装实训是模具专业重要的实训环节。实训前，要求学生认真学习模具拆装安全操作规程。实训时，认真管理学生，严格执行安全操作规程，树立安全理念、强化安全意识。

知识链接

3.3.1 倒装复合模的装配流程

倒装复合模的装配流程如图 3-23 所示。

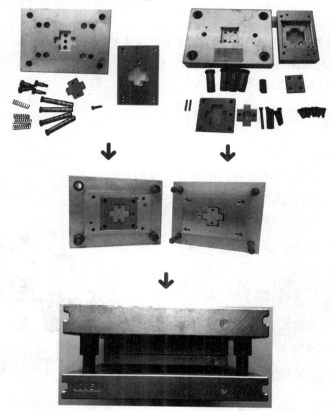

图 3-23 倒装复合模装配流程图

3.3.2 冲模装配小知识

①冲模装配的技术要求,包括模具外观、安装尺寸和总体装配精度。

②冲模的装配方法主要有直接装配法和配作装配法。

③冲模的装配,最主要的是应保证凹、凸模的间隙均匀。一般来说,在进行冲模装配前,应先选择装配基准件。选择基准件的原则应按照冲模主要零件加工时的依赖关系确定。一般可在装配时作为基准件的主要有凸模、凹模、固定板、导向板等。

④组件装配是指冲模在总装配之前,将两个以上的零件按照装配规程及规定的技术要求联接成一个组件的局部装配工作,如凸模和凹模与其固定板的组装、卸料零件的组装与推件机构各零件的组装等。

⑤总装配是将零件及组件联接而成为模具整体的全过程。在总装配前,应选好装配好的基准件,并安排好上、下模的装配顺序。

51

3.3.3 冲模装配注意事项

（1）按顺序装配模具

按拟订的顺序将全部模具零件装回原来位置。注意正反方向，防止漏装。其他注意事项与拆卸模具相同，遇到零件受损不能进行装配时，应在老师指导下使用工具修复受损零件后再装配。

（2）装配后检查

观察装配后模具是否与拆卸前一致，检查是否有错装和漏装等现象。

（3）绘制模具总装草图

绘制模具草图时，在图上记录有关尺寸。

 活动实施

（1）教师示范演示

通过教师示范演示，指导学生理解倒装复合模的装配过程。

①倒装复合模上模的装配过程

倒装复合模上模如图 3-24 所示，零件如图 3-25 所示。

图 3-24 倒装复合模上模   图 3-25 倒装复合模上模零件

上模装配顺序如图 3-26 所示。

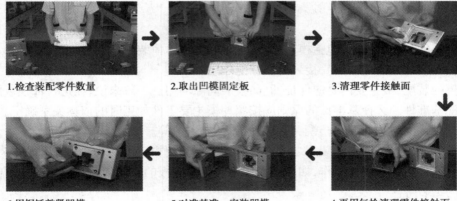

1.检查装配零件数量　　2.取出凹模固定板　　3.清理零件接触面

6.用铜锤敲紧凹模　　5.对准基准，安装凹模　　4.再用气枪清理零件接触面

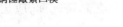

52

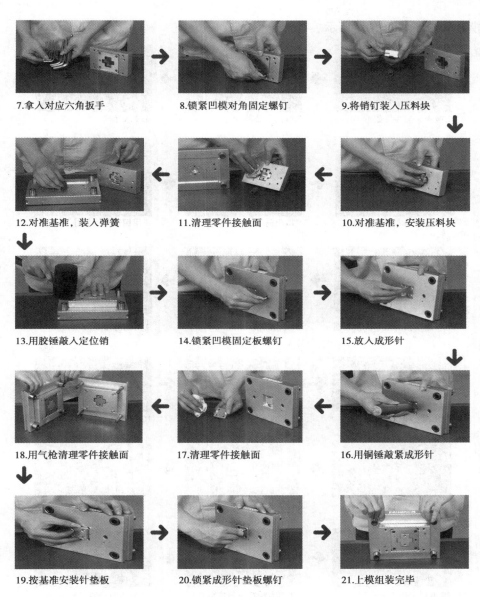

图 3-26　上模装配顺序

②倒装复合模下模的装配与合模过程

倒装复合模下模如图 3-27 所示,零件如图 3-28 所示。

图 3-27　倒装复合模下模

图 3-28　倒装复合模下模零件

53

下模装配顺序如图3-29所示。

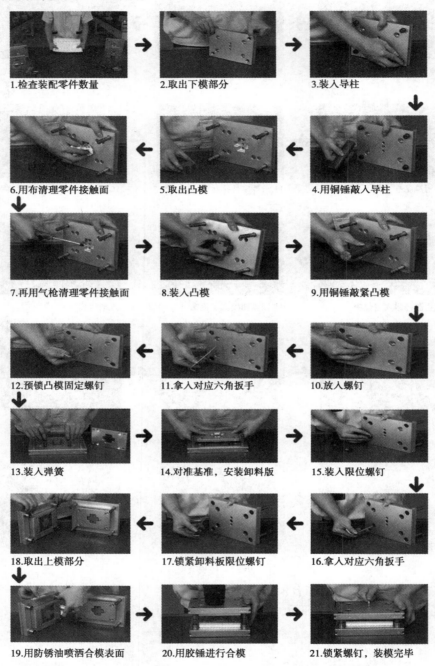

图 3-29 下模装配顺序

（2）学生分组实操学习

学生以小组为单位，分组实操学习装配倒装复合模。

①规范着装检查

各小组组长首先对小组成员的着装是否规范进行检查，并将检测结果填入表3-6中。

表3-6　规范着装检查表

姓　名		学　号		自检项目	记　录
工作服穿好了吗					是□　否□
身上的饰物摘掉了吗					是□　否□
穿的鞋子是否防滑、防扎、防砸					是□　否□
正确戴好工作帽和防护眼镜了吗					是□　否□
女生把长发盘起并塞入工作帽内了吗					是□　否□

②正确装配模具

小组分工协作,正确装配倒装复合模具,并按表3-7填写装配步骤。指导教师要巡视学生装配模具的全过程。发现装配过程中不规范的姿势及方法要及时予以纠正。

表3-7　倒装复合模的装配步骤

工　序	工　步	操作步骤内容	选用工具

（3）学习成果展示

以小组为单位展示学习成果,每小组须选派代表把小组学习情况现场向师生介绍展示。

（4）"6S"场室清理

①清点拆装的模具是否归类整齐摆放,检查有无遗漏模具零件。

②拆装用工具须擦拭干净放回工具箱(盒)。

③做好场室清洁卫生工作。

（5）学习评价

按冲压模具拆装学习评价表3-3完成对学生学习情况的评价。

各小组须对小组成员的学习情况给出小组评价成绩;各小组须根据小组介绍展示的学习情况,给出小组互评成绩;教师须根据学生现场学习表现和小组学习成果展示,给出教师评价成绩。

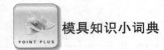

模具知识小词典

常用模具材料——7CrSiMnMoV 钢

7CrSiMnMoV 是一种火焰淬火冷作模具钢,代号 CH-1,是工业发达国家开发和广泛应用的新型模具钢。其淬火温度范围宽,过热敏感性小,可用火焰加热淬火,具有操作简便、成本低、节约能源等优点。该钢淬透性良好,空冷即可淬硬,其硬度可达 62~64HRC,且空冷淬火后变形小,该钢不但强度高而且韧性优良。其主要特点如下:

(1)强韧性好

火焰淬火具有和整体淬火相近的硬度和各种性能。淬硬层下有高韧性基体作衬垫,工作时刃口不易产生开裂、崩刃现象。采用表面强化工艺后硬化层保留了一定的压应力(304 MPa),可提高疲劳强度,使模具获得较高的使用寿命。

(2)淬火变形小

当模具全部加工成形后,在刃口用氧-乙炔火焰加热至淬火温度,然后空冷即达到淬火目的,不须其他加工,所以变形很小。

(3)修复方便

可焊性好,制造有偏差时可用相应的焊条进行补焊,经打磨修整即可达到理想的效果。

(4)节省费用,降低成本

由于只需氧-乙炔气源,不受场地、装备的限制,操作方便。省去整体淬火多次加热回火的烦琐工序,提高了生产率。初步统计结果,7CrSiMnMoV 钢采用火焰淬火工艺制造的模具与 Cr12 钢模具相比省电约 80%,劳动生产率提高约 20%,热处理总费用降低 70% 左右,模具寿命提高 1.5 倍以上。

汽车、摩托车用大型模具切边刃口通常采用 Cr12 或 Cr12MoV 钢材料。由于模具尺寸较大,又多为三维异型曲面,因此,不论采用整体结构或镶拼结构,加工都十分困难。整体结构浪费材料,工艺的可行性要受到热处理炉口尺寸的限制。镶拼结构热处理以后变形大,消除变形困难,且容易降低模具的精度。20 世纪 80 年代火焰淬火钢的出现首先是在汽车行业得到应用和推广,继而在模具制造中也得到越来越多的应用。

我国在开发替代进口的摩托车油箱模具及其他一些冲裁模具中,都成功地采用了 7CrSiMnMoV 钢和火焰淬火工艺。

学习巩固

一、问答题

1. 请列出冲模装配的注意事项。

_____

_____

_____

_____

_____

2.你在装配模具的过程中是否每个安全事项和步骤都做好了？请列出没有做好的地方和原因。

_____

_____

_____

_____

_____

二、看图填空题

正确填写如图 3-30 所示模具装配工具与用品的名称和用途。

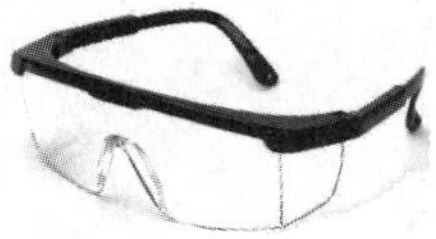

1. (　　　　　)　　　　2. (　　　　　)　　　　3. (　　　　　)
作用：_____　　　　作用：_____　　　　作用：_____

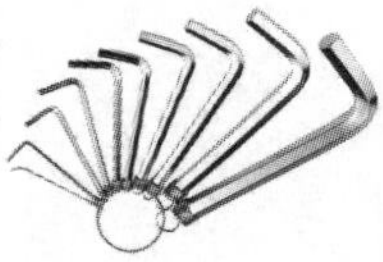

4. (　　　　　)　　　　5. (　　　　　)　　　　6. (　　　　　)
作用：_____　　　　作用：_____　　　　作用：_____

7. (　　　　　)　　　　8. (　　　　　)　　　　9. (　　　　　)
作用：_____　　　　作用：_____　　　　作用：_____

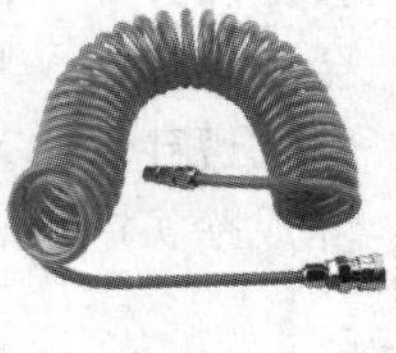

10. (　　　　　)　　　　11. (　　　　　)
作用：_____　　　　作用：_____

图 3-30　模具装配工具与用品的名称和用途

三、简答题

简述倒装复合模的装配步骤。

学习任务 *4*

拆装 V 形翻板弯曲模

 学习目标

知识点：

- 模具拆装工具和用品的名称、功能和使用方法。
- V 形翻板弯曲模的结构组成与零部件作用。
- V 形翻板弯曲模的工作原理。

技能点：

- 会正确选择和使用模具拆装工具和用品。
- 能正确识别 V 形翻板弯曲模的结构，说出各零部件作用。
- 会正确拆卸 V 形翻板弯曲模。
- 会正确装配 V 形翻板弯曲模。
- 自觉遵守安全文明生产规程，养成安全文明生产习惯。
- 养成踏实严谨、精益求精、爱岗敬业、积极进取、总结反思、团队合作的职业素养。

 建议学时

16 课时。

学习活动 4.1　拆卸 V 形翻板弯曲模

 活动描述

本学习活动是拆卸如图 4-1 所示的 V 形翻板弯曲模。通过本学习活动的学习，理解 V 形翻板弯曲模的结构组成和工作原理，掌握拆装工具的正确使用和正确拆卸该类模具的工艺方法。

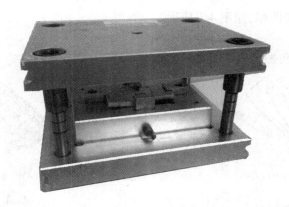

图 4-1　V 形翻板弯曲模实物

 活动分析

　　冲压是利用模具使板料经分离或变形而得到制件的工艺。因此,它具有生产率高、零件尺寸稳定、操作简单、成本低廉等特点。为避免材料滑动,V 形翻板弯曲模在定模部分设计有两块翻板,当凸模压下时,翻板随材料弯转,定位板必须与材料接触,所成形的零件精度较高。V形翻板弯曲模的爆炸图如图 4-2 所示。通过本学习活动完成 V 形翻板弯曲模的拆卸,掌握模具拆装工具的使用,理解 V 形翻板弯曲模的工作原理、整体结构和配合方式,掌握正确的模具拆卸工艺方法。

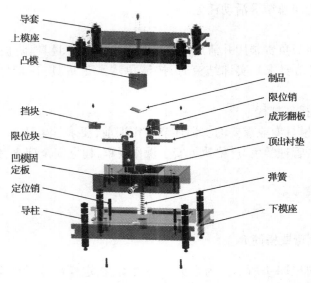

　　导套
　　上模座
　　凸模

　　制品
　　限位销
　　成形翻板

　　挡块
　　限位块
　　凹模固定板
　　定位销
　　导柱

　　顶出衬垫
　　弹簧
　　下模座

图 4-2　V 形翻板弯曲模爆炸图

 活动准备

(1) 模具准备

　　分组准备模具:根据模具拆装实训安排的人数,一般按 4~6 人为一个小组进行分组。每组准备一套 V 形翻板弯曲模,如图 4-1 所示。

(2)工具用品准备

模具拆装用工具、防护用品如图 4-3 所示。

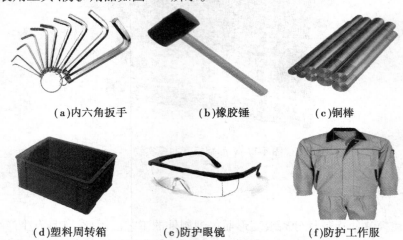

(a)内六角扳手　　　(b)橡胶锤　　　(c)铜棒

(d)塑料周转箱　　(e)防护眼镜　　　(f)防护工作服

图 4-3　模具拆装用工具、防护用品

(3)分组活动准备

1)分组安排

根据学习人数分组,以 4 ~ 6 人一组为最佳,每组选出一名组长,同组人员分工负责拆装、测量、观察、记录、装配与总结等活动任务。

2)工具领用管理

以小组为单位,组长负责领用并清点拆装与测量所用的工量具、防护用品等,熟悉工量具的正确使用方法与使用要求。实训结束时,按清单清点工量具,待指导教师验收无误才能下课。

3)学习遵守安全操作规程

模具拆装实训是模具专业重要的实训环节。实训前,要求学生认真学习模具拆装安全操作规程。实训时,认真管理学生,严格执行安全操作规程,树立安全理念、强化安全意识。

 知识链接

4.1.1　V 形翻板弯曲模简介

V 形翻板弯曲模如图 4-1 所示。为避免材料滑动,在定模部分设计有两块翻板。当凸模压下时,翻板随材料弯转,定位板与材料接触,所成形的零件精度较高。V 形零件尺寸不小于 30 mm × 20 mm × 10 mm。

4.1.2　弯曲与弯曲方法

(1)弯曲的概念与应用

弯曲是将材料弯成一定形状和角度的零件的成形方法。常见的弯曲零件如图 4-4 所示。

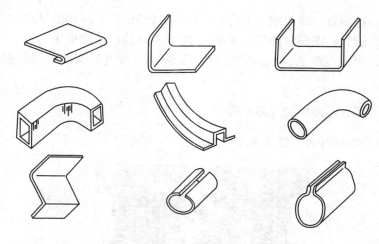

图4-4　弯曲零件

(2)常用弯曲方法

常用的弯曲方法有成形、折弯、滚弯、拉弯等,如图4-5所示。

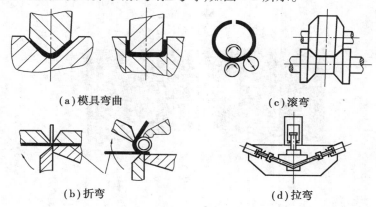

(a)模具弯曲　　　　　　　　　(c)滚弯

(b)折弯　　　　　　　　　(d)拉弯

图4-5　常用弯曲方法

(3)冲压弯曲工艺

冲压弯曲工艺是根据零件形状的需要,通过模具和压力机把毛坯弯成一定角度和形状工件的冲压工艺方法。

冲压弯曲工艺在工业生产中的应用:冲压弯曲工艺的应用相当广泛,如汽车履盖件,小汽车的柜架构件,摩托车上把柄、脚支架、单车上的支架构件、把柄,小的如门扣、夹子(铁夹)等都用到冲压弯曲成形。

4.1.3　弯曲模的工作原理

弯曲模的工作原理如下:

①凸模运动接触板料(毛坯),由于凸、凹模不同的接触点力作用而产生弯矩,在弯矩作用下发生弹性变形,产生弯曲。

②塑变开始阶段:随着凸模继续下行,毛坯与凹模表面逐渐靠近接触,使弯曲半径及弯曲力臂均随之减少,毛坯与凹模接触点由凹模两肩移到凹模两斜面上。

③回弯曲阶段:随着凸模的继续下行,毛坯两端接触凸模斜面开始弯曲。

④压平阶段:随着凸凹模间的间隙不断变小,板料在凸凹模间被压平。

⑤校正阶段:当行程终了,对板料进行校正,使其圆角直边与凸模全部贴合而成所需的形状。

4.1.4　Ｖ形翻板弯曲模的拆卸流程

Ｖ形翻板弯曲模拆卸流程如图4-6所示。

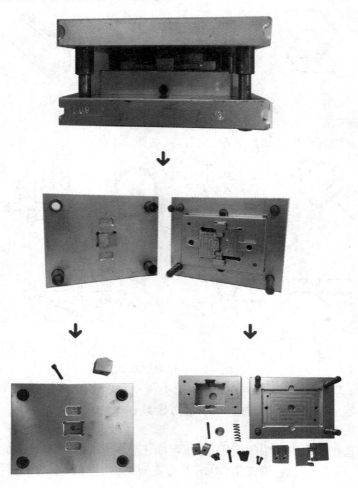

图 4-6　Ｖ形翻板弯曲模拆卸流程图

 活动实施

(1)教师示范演示

通过教师示范演示,指导学生理解Ｖ形翻板弯曲模的拆卸过程。

1)Ｖ形翻板弯曲模上模的拆卸过程

Ｖ形翻板弯曲模上模如图4-7所示,零件如图4-8所示。

图 4-7　V 形翻板弯曲模上模

图 4-8　V 形翻板弯曲模上模零件

上模拆卸顺序如图 4-9 所示。

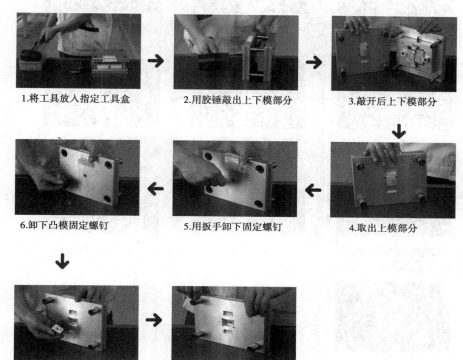

图 4-9　上模拆卸顺序

2）V 形翻板弯曲模下模的拆卸过程

V 形翻板弯曲模下模如图 4-10 所示,零件如图 4-11 所示。

图 4-10　V 形翻板弯曲模下模

图 4-11　V 形翻板弯曲模下模零件

下模拆卸顺序如图 4-12 所示。

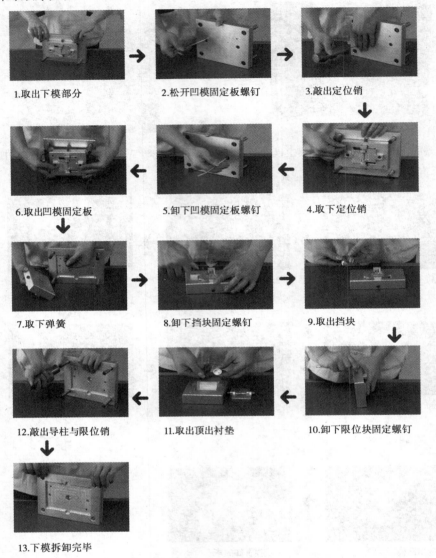

图 4-12　下模拆卸顺序

(2) 学生分组实操学习

学生以小组为单位,分组实操学习拆卸 V 形翻板弯曲模。

①规范着装检查

各小组组长首先对小组成员的着装是否规范进行检查,并将检测结果填入表 4-1 中。

②正确拆卸模具

小组分工协作,正确拆卸 V 形翻板弯曲模,并按表 4-2 填写拆卸步骤。拆卸的模具零件须按上、下模分别归类,整齐摆放。指导教师要巡视学生拆卸模具的全过程。发现拆卸中不规范的姿势及方法要及时予以纠正。

表 4-1　规范着装检查表

检查项目	记　录
工作服穿好了吗	是□　否□
身上的饰物摘掉了吗	是□　否□
穿的鞋子是否防滑、防扎、防砸	是□　否□
正确戴好工作帽和防护眼镜了吗	是□　否□
女生把长发盘起并塞入工作帽内了吗	是□　否□

表 4-2　V 形翻板弯曲模的拆卸步骤

工　序	工　步	操作步骤内容	选用工具

（3）学习成果展示

以小组为单位展示学习成果,每小组须选派代表把小组学习情况现场向师生介绍展示。

（4）"6S"场室清理

①清点拆卸的模具零件是否按上、下模分别归类,整齐摆放。

②拆卸用工具须擦拭干净放回工具箱(盒)。

③做好场室清洁卫生工作。

（5）学习评价

按冲压模具拆装学习评价表 4-3 对学生学习情况进行评价。

各小组须对小组成员的学习情况给出小组评价成绩;各小组须根据小组介绍展示的学习情况,给出小组互评成绩;教师须根据学生现场学习表现和小组学习成果展示,给出教师评价成绩。

表 4-3 冲压模具拆装学习评价表

班级		小组			姓名			
序号	评价内容	分值	评价标准	评定成绩				合计
				小组评价 20%	小组互评 20%	教师评价 60%		
1	认识模具结构	5	每错一项扣分					
2	模具拆装准备	5	总体情况评分					
3	上模正确拆卸	12	每错一项扣2分					
4	下模正确拆卸	12	每错一项扣2分					
5	上模正确装配	12	每错一项扣2分					
6	下模正确装配	12	每错一项扣2分					
7	正确合模	12	总体情况评分					
8	工具用品正确选用和操作	10	总体情况评分					
9	"6S"场室清理	10	总体情况评分					
10	安全文明生产	10	总体情况评分					
总评成绩								
学习记录：								

 模具知识小词典

常用模具材料——GD 钢

GD 钢是 6CrNiMnSiMoV 钢的代号,是高强韧性低合金冷作模具钢。该钢的碳含量比一般工具钢稍低,含有 Cr、Mn 合金元素,以保证淬透性,也含有 Si、Ni 两种用于强韧化的元素和细化晶粒的元素 Mo、V,但其合金度 <5%,易退火软化,硬度 220 ~240HBW,淬火区间较宽,淬火温度不高,耐磨性、强韧性较好,淬透性高,淬火变形小,采用下贝氏体等温淬火,可进一步提高钢的韧性。

（1）参考对应牌号

中国标准牌号 6CrNiMnSiMoV、美国 ASTM 标准牌号 L6、俄罗斯 OCT 标准牌号 7XP2BM、德国 DLN 标准牌号 75CrMoNiW6-7。

（2）应用举例

①GD 钢可代替 CrWMn，9M2V，GCr15，9CrSi，60Si2Mn，Cr12 等钢，制作各类易崩刃、易断裂的冷作模具，如冷挤压模、冷弯曲模、冷镦模、冷冲击精密模具等。

②可用于制作中厚板剪刃，总使用寿命比 9CrSi 钢提高一倍以上。

③用于火焰淬火模具钢和大型冷作模具，使用寿命可提高数倍。

④GD 钢冷冲压模具经渗硼及淬火处理，冷压 9 mm 厚度的黄铜波导法兰盘 8 000 件以上。

⑤GD 钢特别适应于以崩刃及碎裂失效为主的冷冲压模具。

⑥可用于热作模具钢。

⑦可用于温热挤压模具。

⑧可用于制作有较高强韧性和一定耐磨性的精密淬硬塑料模具等。

⑨采用等温淬火、回火可使 GD 钢切边模具有最佳的强韧性及耐磨性，模具使用寿命提高 9 倍。

 学习巩固

一、填空题

1. V 形翻板弯曲模为_____滑动，在定模部分高设计两块翻板。当凸模压下时，翻板随材料弯转，定位板必须与_____接触，所成形的零件_____。

2. 冲压弯曲工艺是根据零件形状的需要，通过_____和_____把毛坯弯成一定角度和一定形状工件的_____方法。

3. GD 钢是_____钢的代号，是_____冷作模具钢。可代替 CrWMn，9M2V，GCr15，9CrSi，60Si2Mn，Cr12 等钢，制作各类易_____、易_____的冷作模具，如_____模、_____模、冷镦模、_____精密模具等。

4. 将材料弯成一定形状和角度的零件的成形方法，称为_____。常用的弯曲方法有_____、_____、_____及_____等。

5. 冲压是利用模具使板料经_____或_____而得到制件的工艺，因此具有生产率高、零件尺寸稳定、操作简单、成本_____等特点。

6. 将_____或_____定位放在下模上，当_____下降时凸模接触材料并向下压，材料受压产生塑性弯曲变形。

二、问答题

你在拆卸模具的过程中是否每个安全事项和步骤都做好了？请列出没有做好的地方和原因。

_____

_____

_____

_____

_____

_____

三、看图填空题

请正确填写如图 4-13 所示的拆卸步骤名称。

1. _____ 2. _____ 3. _____

4. _____ 5. _____ 6. _____

图 4-13 拆卸步骤名称

四、简答题

1. 简述弯曲模的工作原理。

2. 简述 V 形翻板弯曲模的拆卸步骤。

3. 举例说明 GD 钢的应用。

学习活动 4.2 认知 V 形翻板弯曲模的结构

 活动描述

本学习活动是要认知 V 形翻板弯曲模的结构。通过本学习活动的学习,能够熟悉理解 V 形翻板弯曲模的结构组成和各零部件的名称和作用。

 知识链接

4.2.1 认知 V 形翻板弯曲模上模结构

V 形翻板弯曲模上模如图 4-14 所示,上模零件如图 4-15 所示。

V 形翻板弯曲模上模各零部件及名称如图 4-16 所示。

V 形翻板弯曲模上模各零部件明细见表 4-4。

图 4-14　V 形翻板弯曲模上模

图 4-15　V 形翻板弯曲模上模零件

1.上模座

2.凸模

3.螺钉

图 4-16　V 形翻板弯曲模上模部分零部件

表 4-4　V 形翻板弯曲模上模零部件明细表

编　号	零部件名称（上模部分）	用　途	材　料	说　明
1	上模座	安装螺钉之前,对凹模固定板先进行定位	SUJ2（高碳铬轴承钢）	对于有装配精度的,一般首先按照定位销,然后再安装螺钉
2	凸模	两者相互配合,形成所要产品的形状	GGG70L（相当于球墨铸铁 QT700L）	冲压时,两者需承受较大冲压力,应满足其强度和刚度要求
3	螺钉	用于固定凸模	45#钢（称为 C45,国内常称 45 号钢,也称"油钢"）	为了提高硬度与寿命,一般需要热处理

4.2.2　认知 V 形翻板弯曲模下模结构

V 形翻板弯曲模下模如图 4-17 所示,下模零件如图 4-18 所示。

图 4-17　V 形翻板弯曲模下模

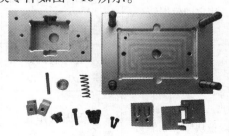
图 4-18　V 形翻板弯曲模下模零件

V形翻板弯曲模下模各零部件及名称如图4-19所示。

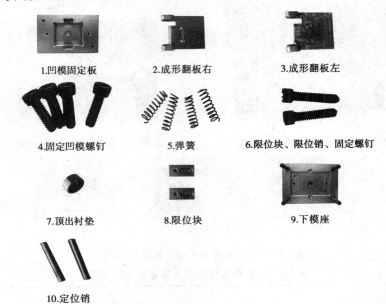

1.凹模固定板　　2.成形翻板右　　3.成形翻板左

4.固定凹模螺钉　　5.弹簧　　6.限位块、限位销、固定螺钉

7.顶出衬垫　　8.限位块　　9.下模座

10.定位销

图4-19　V形翻板弯曲模下模零部件及名称

V形翻板弯曲模下模各零部件明细见表4-5。

表4-5　V形翻板弯曲模下模零部件明细表

编　号	零部件名称 （下模部分）	用　途	材　料	说　明
1	下模座	与微型拉伸机的工作台面固定	S50C（是高级优质中碳钢）	侧面开设码模槽
2	凹模固定板	用于藏凹模	S50C（是高级优质中碳钢）	一般都采用组合式，方便更换
3	定位销	安装螺钉之前，对模具先进行定位	Skh51（成分较多的合金钢）	对于有装配精度的，一般首先安装限位销，然后再安装螺钉
4	固定凹模螺钉	用于固定凹模的螺钉	45#钢（称为C45，国内常称45号钢，也称"油钢"）	为了提高硬度与寿命，一般需要热处理
5	弹簧	为压料板的运动提供动力	65Mn（弹簧钢）	设计时，应考虑弹簧的最大压缩量和使用寿命
6	限位块限位销螺钉	用于固定限位块限位销	45#钢（称为C45，国内常称45号钢，也称"油钢"）	为了提高硬度与寿命，一般需要热处理

续表

编　号	零部件名称 （下模部分）	用　途	材　料	说　明
7	左右成形翻板	两者相互配合，形成所要产品的形状	GGG70L（相当于球墨铸铁 QT700L）	冲压时，两者需承受较大冲压力，应满足其强度和刚度要求
8	限位销	安装螺钉之前，对模具先进行限位	Skh51（成分较多的合金钢）	对于有装配精度的，一般首先安装限位销，然后再安装螺钉
9	挡块固定螺钉	用于固定挡块	45#钢（称为 C45，国内常称 45 号钢，也称"油钢"）	为了提高硬度与寿命，一般需要热处理
10	挡块	限定板料的传输	45#钢（称为 C45，国内常称 45 号钢，也称"油钢"）	满足模具强度和刚度要求
11	限位块	引导板料的传输	45#钢（称为 C45，国内常称 45 号钢，也称"油钢"）	满足模具强度和刚度要求
12	顶出衬垫	把产品从凹模中顶出来	45#钢（称为 C45，国内常称 45 号钢，也称"油钢"）	满足模具强度和刚度要求

 模具知识小词典

常用冷冲压板材——冷轧板

冷轧板是以热轧卷为原料，在室温下在再结晶温度以下进行轧制而成（见图 4-20）。

（1）生产工艺

生产过程中由于不进行加热，故不存在热轧常出现的麻点和氧化铁皮等缺陷，表面质量好、光洁度高，而且冷轧产品的尺寸精度高，产品的性能和组织能满足一些特殊的使用要求，如电磁性能、深冲性能等。

（2）规格

厚度为 0.2 ~ 4 mm，宽度为 600 ~ 2 000 mm，钢板长度为 1 200 ~ 6 000 mm。

（3）性能

主要采用低碳钢牌号，要求具有良好的冷弯和焊接性能以及一定的冲压性能。

图 4-20　冷轧板

（4）应用

冷轧板带用途很广，如汽车制造、电器产品、机车车辆、航空、精密仪表、食品罐头等。冷轧薄钢板是普通碳素结构钢冷轧板的简称,也称冷轧板,俗称冷板。冷板是由普通碳素结构钢热轧钢带,经过进一步冷轧制成厚度小于 4 mm 的钢板。由于在常温下轧制,不产生氧化铁皮。因此,冷板表面质量好,尺寸精度高,再加之退火处理,其机械性能和工艺性能都优于热轧薄钢板,在许多领域里,特别是家电制造领域已逐渐用它取代热轧薄钢板。

(5)适用牌号

Q195,Q215,Q235,Q275;SPCC(日本牌号);ST12(德国牌号)。

(6)表面加工代号

无光泽精轧为 D,光亮精轧为 B。例如,SPCC-SD 表示标准调质、无光泽精轧的一般用冷轧碳素薄板。又如,SPCCT-SB 表示标准调质、光亮加工,要求保证机械性能的冷轧碳素薄板。

 学习巩固

一、看图填写题

正确填写 V 形翻板弯曲模零件名称及作用。

（一）V 形翻板弯曲模上模零件名称及作用（见图 4-21）

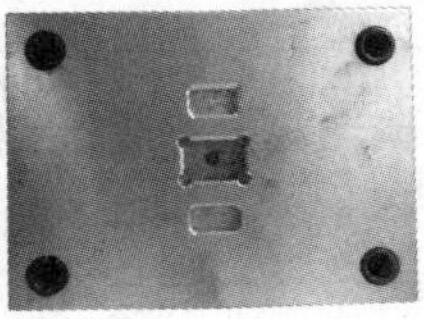

1. (   )　　　2. (   )　　　3. (   )

作用:＿＿＿＿＿＿　　　作用:＿＿＿＿＿＿　　　作用:＿＿＿＿＿＿

＿＿＿＿＿＿＿＿＿

图 4-21　V 形翻板弯曲模上模零件名称及作用

（二）V 形翻板弯曲模下模零件名称及作用（见图 4-22）

1. (   )　　　2. (   )　　　3. (   )

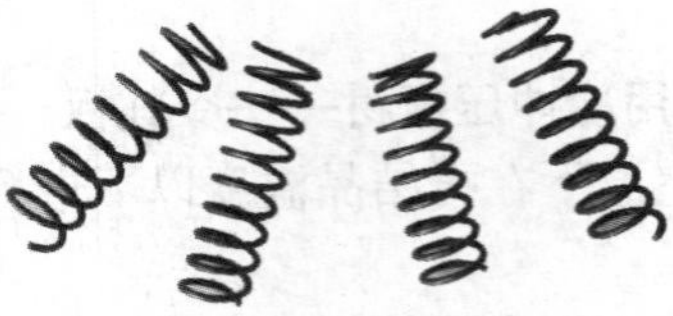

作用:＿＿＿＿＿＿　　　作用:＿＿＿＿＿＿　　　作用:＿＿＿＿＿＿

＿＿＿＿＿＿＿＿＿

4. (   )　　5. (   )　　6. (   )　　7. (   )

作用:＿＿＿＿＿　作用:＿＿＿＿＿　作用:＿＿＿＿＿　作用:＿＿＿＿＿

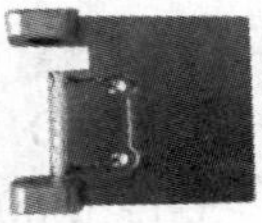

＿＿＿＿＿＿＿＿＿

图 4-22　V 形翻板弯曲模下模零件名称及作用

二、简答题

1. 简述 V 形翻板弯曲模的工作原理。
2. 简述冷轧板的应用范围。

学习活动 4.3　装配 V 形翻板弯曲模

活动描述

本学习活动是在正确拆卸 V 形翻板弯曲模的基础上,学习选用合适的模具装配工具和用品正确装配 V 形翻板弯曲模。

活动准备

(1)模具准备

分组准备模具:根据模具拆装实训安排的人数,一般按 4 ~ 6 人为一个小组进行分组。每组准备一套如图 4-1 所示的 V 形翻板弯曲模。

(2)工具用品准备

模具装配用工具和防护用品如图 4-23 所示。

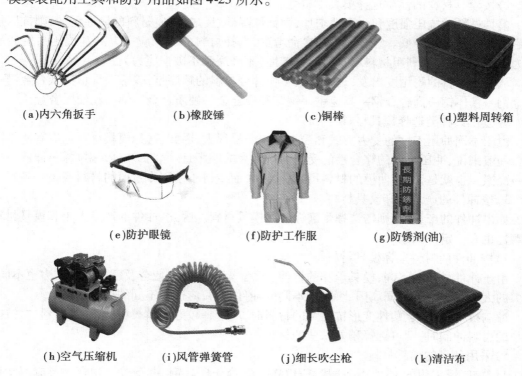

(a)内六角扳手　　　(b)橡胶锤　　　(c)铜棒　　　(d)塑料周转箱

(e)防护眼镜　　　(f)防护工作服　　　(g)防锈剂(油)

(h)空气压缩机　　　(i)风管弹簧管　　　(j)细长吹尘枪　　　(k)清洁布

图 4-23　模具装配用工具、防护用品

（3）分组活动准备

1）分组安排

根据学习人数分组，以 4～6 人一组为最佳，每组选出一名组长，同组人员分工负责拆装、测量、观察、记录、装配与总结等活动任务。

2）工具领用管理

以小组为单位，组长负责领用并清点拆装与测量所用的工量具、防护用品等，熟悉工量具的正确使用方法与使用要求。实训结束时，按清单清点工量具，待指导教师验收无误才能下课。

3）学习遵守安全操作规程

模具拆装实训是模具专业重要的实训环节。实训前，要求学生认真学习模具拆装安全操作规程。实训时，认真管理学生，严格执行安全操作规程，树立安全理念、强化安全意识。

 知识链接

4.3.1 冲压模具材料的选用

（1）工作零件材料的选用

冲压模具工作部分材料对模具寿命及冲压件的质量影响非常大。对于材料的选用，应根据不同的使用要求，考虑其经济性，并充分利用材料的特性，选择相适应的冲压模具材料。有关冲压模具材料的选择，可按不同的情况来分别考虑。

1）按模具材料的性质选择模具材料

模具材料的抗压强度和耐磨性增加，则韧性降低；反之，要使材料的韧性增加，则抗压强度和耐磨性就要有所降低。综合模具的寿命考虑，选择材料的方向应以提高其抗压强度和耐磨性为主，而设法充分利用材料本身的最大韧性（不开裂和不破损能力）。

从模具材料的耐用度出发，选择模具工作部分材料的顺序是：碳素工具钢→低合金钢→中合金钢→基体钢→高合金钢→高速钢→钢结硬质合金→硬质合金→细晶粒硬质合金。

2）按模具种类选择模具材料

由于不同冲压工序的受力方式和受力大小差异很大，因此，选择模具材料也应有所不同。

一般来说，冲压工序的综合性的受力由小到大的顺序是：弯曲→成形→拉深→冲裁→冷挤压→冷镦。也就是说，弯曲模的材料可以稍差些，而冷挤压模和冷镦模的材料应该是最好的。

3）按冲件的产量选择模具材料

如果冲件的产量大，则需选择耐磨性好的模具材料。因此，冲件的产量大小和模具材料的耐磨性也有一定的关系。

4）按冲件的材料选择模具材料

由于冲件材料的不同，模具承受的拉伸、压缩、弯曲、冲击、疲劳及摩擦等机械力也不同，作用力的大小及方式也不同。因此，对应不同的冲件材料，应选择不同的模具材料。

冲制抗拉强度大、塑性变形抗力大的材料时，应选择较好的模具材料；而当材料软、抗拉强度小的材料冲制时，则可选择稍差一些的材料。

5）采用新型的模具材料

目前，广泛采用的 Cr12Mn，Cr12，Cr12MoV 等冷作模具钢，由于碳化物容易形成网状和带状分布，往往使其强度和韧性不足，易造成模具的崩裂，且在热处理后，残余奥氏体又不稳定，容易造成变形、开裂及磨削裂纹等问题。为此，近年来各国学者研制出不少新型模具材料，使模具的加工工艺得到改善,模具寿命比原来有明显提高。

（2）工艺零件和结构零件材料的选用

模具工艺零件和结构零件等一般零件材料的选用除了考虑零件的作用功能外,还应注意到材料来源的方便性和价格的因素。

4.3.2　常用冲压模具材料及热处理

（1）传统冲压模具用钢

1）T10A 钢

T10A 钢为碳素工具钢,其热处理工艺为:760～810 ℃水或油淬,160～180 ℃回火,硬度59～62HRC。

2）CrWMn,9Mn2V

CrWMn,9Mn2V 是高碳低合金钢种,淬火操作简便,淬透性优于碳素工具钢,变形易控制。但耐磨性和韧性仍较低,应用于中等批量、工件形状较复杂的冲裁模具。

CrWMn 钢的热处理工艺为:淬火温度 820～840 ℃油冷,回火温度 200 ℃,硬度 60～62HRC。9Mn2V 钢的热处理工艺为:淬火温度 780～820 ℃油冷,回火温度 150～200 ℃,空冷,硬度 60～62HRC。注意:回火温度在 200～300 ℃有回火脆性和显著体积膨胀,应予避开。

3）Cr12 和 Cr12MoV

Cr12 和 Cr12MoV 为高碳高铬钢,耐磨性较高,淬火时变形很小,淬透性好,可用于大批量生产的模具,如硅钢片冲裁模。但该类钢种存在碳化物不均匀性,易产生碳化物偏析,冲裁时容易出现崩刃或断裂。其中,Cr12 含碳量较高,碳化物分布不均比 Cr12MoV 严重,脆性更大一些。

Cr12 和 Cr12MoV 型钢的热处理工艺选择取决于模具的使用要求。当模具要求比较小的变形和一定韧性时,可采用低温淬火、回火（Cr12 为 950～980 ℃淬火,150～200 ℃回火;Cr12MoV 为 1 020～1 050 ℃淬火,180～200 ℃回火）。若要提高模具的使用温度,改善其淬透性和红硬性,可采用高温淬火、回火（Cr12 为 1 000～1 100 ℃淬火,480～500 ℃回火;Cr12MoV 为 1 110～1 140 ℃淬火,500～520 ℃回火）。

高铬钢在 275～375 ℃区域有回火脆性,应予避免。

（2）冲压模具新钢种

为了弥补传统冲压模具钢种性能的不足,国内开发或引进了以下性能较好的冲压模具用钢:

1）Cr12Mo1V1（代号 D2）钢

Cr12Mo1V1 钢为仿美国 ASTM 标准中的 D2 钢引进的钢种,属 Cr12 型钢。由于 D2 钢中 Mo,V 含量增加,细化了晶粒,改善了碳化物的分布状况。因此,D2 钢的强韧性（冲击韧度、抗弯强度、挠度）比 Cr12MoV 钢有所提高,耐磨性和抗回火稳定性也比 Cr12MoV 更高。可用深冷处理,提高硬度并改善尺寸稳定性。

用 D2 钢制作的冲裁模具寿命要高于 Cr12MoV 钢模具。D2 钢的锻造性能和热塑成形性比 Cr12MoV 钢略差,机械加工性能和热处理工艺与 Cr12 型钢相似。

2）Cr6WV 钢

Cr6WV 钢为高耐磨微变形高碳中铬钢,碳、铬含量均低于 Cr12 型钢,碳化物的分布状态较 Cr12MoV 均匀,具有良好的淬透性。热处理变形小,机械加工性能较好。抗弯强度、冲击韧度优于 Cr12MoV,只是耐磨性略低于 Cr12 型钢。

Cr6WV 钢用于承受较大冲击力的高硬度、高耐磨板料冲裁模,其效果好于 Cr12 型钢。钢的常用热处理工艺为:淬火温度970～1 000 ℃,一般可热油或硝盐分级淬火冷却,尺寸不大的部件可采取空冷。淬火后应立即回火,回火温度160～210 ℃,硬度58～62HRC。

3)Cr4W2MoV 钢

Cr4W2MoV 钢是高耐磨微变形高碳中铬钢,是替代 Cr12 型钢而研制的钢种,碳化物均匀性好,耐磨性高于 Cr12MoV,适于制作形状复杂、尺寸精度要求高的冲压模具,可用于硅钢片冲裁模。

Cr4W2MoV 钢的热处理工艺:

①要求强度、韧性较高时,采用低温淬火、低温回火,淬火温度960～980 ℃,回火温度280～320 ℃,硬度60～62HRC。

②要求热硬性和耐磨性较高时,采用高温淬火、高温回火工艺,淬火温度1 020～1 040 ℃,回火温度500～540 ℃,硬度60～62HRC。

4)7CrSiMnMoV(代号 CH-1)钢

7CrSiMnMoV(代号 CH-1)钢为空淬微变形低合金钢、火焰淬火钢,可利用火焰进行局部淬火,淬硬模具刃口部分。淬火温度(800～1 000 ℃),具有良好的淬透性和淬硬性(可达 60 HRC 以上),强度和韧性较高,崩刃后能补焊。可代替 CrWMn,Cr12MoV 钢,制作形状复杂的冲裁模。

7CrSiMnMoV(代号 CH-1)钢的推荐热处理工艺:淬火温度900～920 ℃,油冷,190～200 ℃回火1～3 h,硬度58～62HRC。

5)6CrNiSiMnMoV(代号 GD)钢

6CrNiSiMnMoV(代号 GD)钢为高韧性低合金钢,淬透性好,空淬变形小,耐磨性较高。其强韧性显著高于 CrWMn 和 Cr12MoV 钢,不易崩刃或断裂。尤其适用于细长、薄片状凸模及大型、形状复杂、薄壁凸凹模。

6CrNiSiMnMoV(代号 GD)钢的推荐热处理工艺:淬火温度870～930 ℃(900 ℃最佳),盐浴炉加热(45 s/mm),油冷或空冷、风冷,175～230 ℃回火2 h,硬度58～62HRC。由于空冷即可淬硬,也可采用火焰加热淬火。

4.3.3　V 形翻板弯曲模的装配流程

V 形翻板弯曲模装配流程如图 4-24 所示。

图 4-24　V 形翻板弯曲模装配流程图

活动实施

（1）教师示范演示

通过教师示范演示，指导学生理解 V 形翻板弯曲模的装配过程。

1）V 形翻板弯曲模上模的装配过程

V 形翻板弯曲模上模如图 4-25 所示，零件如图 4-26 所示。

图 4-25　V 形翻板弯曲模上模

图 4-26　V 形翻板弯曲模上模零件

上模装配顺序如图 4-27 所示。

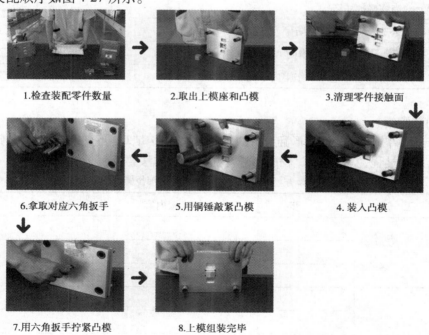

1.检查装配零件数量　　2.取出上模座和凸模　　3.清理零件接触面

6.拿取对应六角扳手　　5.用铜锤敲紧凸模　　4. 装入凸模

7.用六角扳手拧紧凸模　　8.上模组装完毕

图 4-27　上模装配顺序

2）V 形翻板弯曲模下模的装配与合模过程

V 形翻板弯曲模下模如图 4-28 所示，零件如图 4-29 所示。

图 4-28　V 形翻板弯曲模下模

图 4-29　V 形翻板弯曲模下模零件

下模装配顺序如图 4-30 所示。

(2) 学生分组实操学习

学生以小组为单位,分组实操学习装配 V 形翻板弯曲模。

1) 规范着装检查

各小组组长首先对小组成员的着装是否规范进行检查,并将检测结果填入表 4-6 中。

表 4-6　规范着装检查表

姓　名		学　号		自检项目	记　录
工作服穿好了吗					是□　否□
身上的饰物摘掉了吗					是□　否□
穿的鞋子是否防滑、防扎、防砸					是□　否□
正确戴好工作帽和防护眼镜了吗					是□　否□
女生把长发盘起并塞入工作帽内了吗					是□　否□

2) 正确装配模具

小组分工协作,正确装配 V 形翻板弯曲模,并按表 4-7 填写装配步骤。指导教师要巡视学生装配模具的全过程,发现装配过程中不规范的姿势及方法要及时予以纠正。

表 4-7　V 形翻板弯曲模的装配步骤

工　序	工　步	操作步骤内容	选用工具

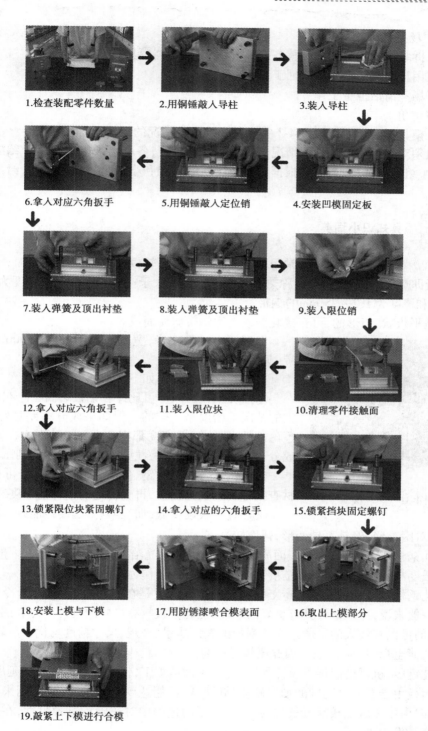

图 4-30　下模装配顺序

3) 学习成果展示

以小组为单位展示学习成果,每小组须选派代表把小组学习情况现场向师生介绍展示。

4)"6S"场室清理

①清点拆装的模具是否归类整齐摆放,检查有无遗漏模具零件。

②拆装用工具须擦拭干净放回工具箱(盒)。

③做好场室清洁卫生工作。

5)学习评价

按冲压模具拆装学习评价表4-3完成对学生学习情况的评价。

各小组须对小组成员的学习情况给出小组评价成绩;各小组须根据小组介绍展示的学习情况,给出小组互评成绩;教师须根据学生现场学习表现和小组学习成果展示,给出教师评价成绩。

POINT PLUS 模具知识小词典

常用冷冲压板材——热轧板

热轧板即热轧钢板和钢带,俗称热板。它是指宽度大于或等于600 mm,厚度为0.35~200 mm的钢板和厚度为1.2~25 mm的钢带。

钢板是平板状,矩形的,可直接轧制或由宽钢带剪切而成。

钢带是指成卷交货,宽度不小于或等于600 mm的宽钢带(见图4-31)。

热冷轧钢板的区别如下:

①热轧钢板含碳量可比冷轧钢板略高些。在成分相差不大的情况下密度是一样的。但如果成分相差悬殊,如不锈钢不论冷轧、热轧钢板密度都在7.9 g/cm³左右。具体还要看成分,热轧钢板只是延展性更好,钢材同样受到压力作用。

热轧钢板分为结构钢、低碳钢和焊瓶钢。可根据各种钢材查找你所需要的钢材,再查特定的钢材的密度和成分。

图4-31 热轧板

②热轧钢板硬度低,加工容易,延展性能好。冷轧板硬度高,加工相对困难些,但是不易变形,强度较高。

③热轧钢板强度相对较低,表面质量差点(有氧化/光洁度低),但塑性好,一般为中厚板。冷轧板的强度高、硬度高、表面光洁度高,一般为薄板,可作为冲压用板。

④热轧钢板和冷轧钢板的生产工艺不同。热轧钢板是在高温下轧制而成,冷轧是在常温下轧制。一般来说,冷轧钢板具有更好的强度,热轧钢板具有更好的延性。冷轧的一般厚度比较小,热轧的可以有较大的厚度。冷轧钢板的表面质量、外观、尺寸精度均优于热轧板,且其产品厚度可轧薄至0.18 mm左右,因此比较受欢迎。

⑤热轧钢板,机械性能远不及冷加工,也次于锻造加工,但有较好的韧性和延展性。

冷轧钢板由于有一定程度的加工硬化,韧性低,但能达到较好的屈强比,用来冷弯弹簧片等零件,同时由于屈服点较靠近抗拉强度,所以使用过程中对危险没有预见性,在载荷超过许用载荷时容易发生事故。

⑥冷板采用冷轧加工,表面无氧化皮,质量好。热轧钢板采用热轧加工,表面有氧化皮,板厚有下差。热轧钢板韧性和表面平整性差,价格较低,而冷轧板的伸展性好,有韧性,但是价格较贵。

⑦轧制分为冷轧和热轧钢板。冷轧一般用于生产带材,其轧速较高。

⑧不电镀的热轧钢板表面成黑褐色,不电镀的冷轧板表面是灰色,电镀后可从表面的光滑程度来区分,冷轧板的光滑度高于热轧钢板。

 学习巩固

一、问答题

你在装配模具的过程中是否每个安全事项和步骤都做好了？请列出没有做好的地方和原因。

_____

_____

_____

_____

_____

二、简答题

1. 如何选用冲压模具材料？

2. 简述 V 形翻板弯曲模的装配步骤。

3. 简述热冷轧钢板的区别。

学习任务 **5**
拆装两圆相扣成型模

学习目标

知识点:

- 模具拆装工具和用品的名称、功能和使用方法。
- 两圆相扣成型模的结构组成与零部件作用。
- 两圆相扣成型模的工作原理。

技能点:

- 会正确选择和使用模具拆装工具和用品。
- 能正确识别两圆相扣成型模的结构,说出各零部件作用。
- 会正确拆卸两圆相扣成型模。
- 会正确装配两圆相扣成型模。
- 自觉遵守安全文明生产规程,养成安全文明生产习惯。
- 养成踏实严谨、精益求精、爱岗敬业、积极进取、总结反思、团队合作的职业素养。

建议学时

16 课时。

学习活动 5.1 拆卸两圆相扣成型模

活动描述

本学习活动是拆卸如图 5-1 所示的两圆相扣成型模。通过本学习活动的学习,理解两圆相扣成型模的结构组成和工作原理,掌握拆装工具的正确使用和正确拆卸该类模具的工艺方法。

图 5-1 两圆相扣成型模实物

 活动分析

冲压是利用模具使板料经分离或变形而得到制件的工艺。因此,它具有生产率高、零件尺寸稳定、操作简单、成本低廉等特点。两圆相扣成型模是先切断线材,通过上模原型芯完成单个圆环的成型,将已成型的圆环套于线材再重复一次圆环成型的模具。两圆相扣成型模的爆炸图如图 5-2 所示。通过本学习活动完成两圆相扣成型模的拆卸,掌握模具拆装工具的使用,理解两圆相扣成型模的工作原理、整体结构和配合方式,掌握正确的模具拆卸工艺方法。

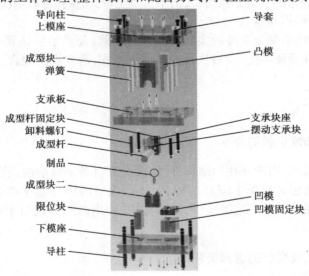

图 5-2 两圆相扣成型模爆炸图

 活动准备

(1)模具准备

分组准备模具:根据模具拆装实训安排的人数,一般按 4~6 人为一个小组进行分组。每组准备一套两圆相扣成型模,如图 5-1 所示。

（2）工具用品准备

模具拆装用工具和防护用品如图5-3所示。

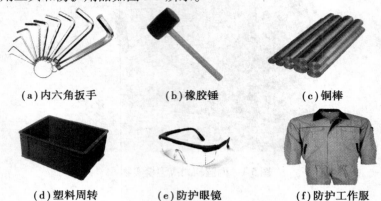

(a) 内六角扳手　　　　(b) 橡胶锤　　　　(c) 铜棒

(d) 塑料周转　　　　(e) 防护眼镜　　　　(f) 防护工作服

图5-3　模具拆装用工具和防护用品

1）分组安排

根据学习人数分组，以4～6人一组为最佳，每组选出一名组长，同组人员分工负责拆装、测量、观察、记录、装配与总结等活动任务。

2）工具领用管理

以小组为单位，组长负责领用并清点拆装与测量所用的工量具、防护用品等，熟悉工量具的正确使用方法与使用要求。实训结束时，按清单清点工量具，待指导教师验收无误才能下课。

3）学习遵守安全操作规程

模具拆装实训是模具专业重要的实训环节。实训前，要求学生认真学习模具拆装安全操作规程。实训时，认真管理学生，严格执行安全操作规程，树立安全理念、强化安全意识。

 知识链接

5.1.1　两圆相扣成型模简介

该模具成型零件需为两圆环相扣结构件，模具设有自动下料结构。当模具工作时，首先切断线材，通过上模原型芯完成单个圆环的成型，将已成型的圆环套于线材再重复一次圆环成型，即完成两圆相扣成型。该工艺工序少，简洁实用，冲出的产品接口平整，合格率高，能满足使用要求。

5.1.2　两圆相扣成型模的拆卸流程

两圆相扣成型模的拆卸流程如图5-4所示。

5.1.3　冲压模具各零部件术语

（1）上模

上模是整副冲模的上半部，即安装于压力机滑块上的冲模部分。

（2）上模座

上模座是上模最上面的板状零件，工件时紧贴压力机滑块，并通过模柄或直接与压力机滑块固定。

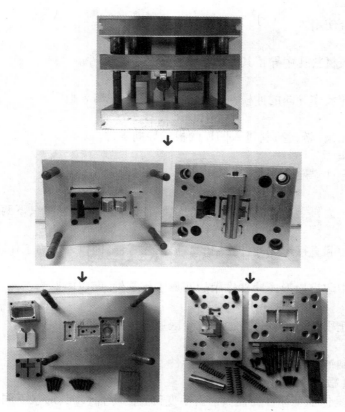

图 5-4　两圆相扣成型模的拆卸流程图

(3) 下模

下模是整副冲模的下半部,即安装于压力机工作台面上的冲模部分。

(4) 下模座

下模座是下模底面的板状零件,工作时直接固定在压力机工作台面或垫板上。

(5) 刃壁

刃壁是冲裁凹模孔刃口的侧壁。

(6) 刃口斜度

刃口斜度是冲裁凹模孔刃壁的每侧斜度。

(7) 气垫

气垫是以压缩空气为原动力的弹顶器。

(8) 反侧压块

反侧压块是从工作面的另一侧支持单向受力凸模的零件。

(9) 导套

导套是为上、下模座相对运动提供精密导向的管状零件,多数固定在上模座内,与固定在下模座的导柱配合使用。

(10) 导板

导板是带有与凸模精密滑配内孔的板状零件,用于保证凸模与凹模的相互对准,并起卸料(件)作用。

(11) 导柱

导柱是为上、下模座相对运动提供精密导向的圆柱形零件,多数固定在下模座,与固定在上模座的导套配合使用。

(12)导正销

导正销是伸入材料孔中导正其在凹模内位置的销形零件。

(13)导板模

导板模是以导板作导向的冲模,模具使用时凸模不脱离导板。

(14)导料板

导料板是引导条(带、卷)料进入凹模的板状导向零件。

(15)导柱模架

导柱模架是导柱、导套相互滑动的模架。

(16)冲模

冲模是装在压力机上用于生产冲件的工艺装备,由相互配合的上、下两部分组成。

(17)凸模

凸模是冲模中起直接形成冲件作用的凸形工作零件,即以外形为工作表面的零件。

(18)凹模

凹模是冲模中起直接形成冲件作用的凹形工作零件,即以内形为工作表面的零件。

(19)防护板

防护板是防止手指或异物进入冲模危险区域的板状零件。

(20)限位柱

限位柱是限制冲模最小闭合高度的柱形件。

(21)定位销(板)

定位销(板)是保证工序件在模具内有不变位置的零件,以其形状不同而称为定位销或定位板。

(22)固定板

固定板是固定凸模的板状零件。

(23)限位柱固定卸料板

固定卸料板是固定在冲模上位置不动的卸料板。

 活动实施

(1)教师示范演示

通过教师示范演示,指导学生理解两圆相扣成型模的拆卸过程。

1)两圆相扣成型模下模的拆卸过程

两圆相扣成型模下模如图 5-5 所示,拆卸开的下模零件如图 5-6 所示。

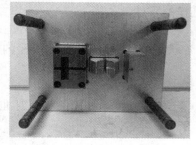

图 5-5　两圆相扣成型模下模

图 5-6　两圆相扣成型模下模零件

下模拆卸顺序如图 5-7 所示。

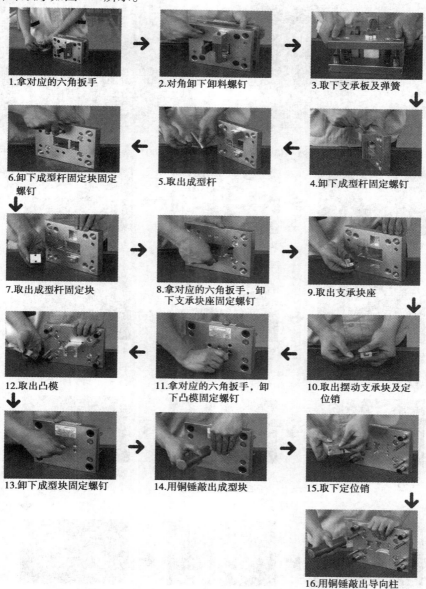

1.拿对应的六角扳手　　2.对角卸下卸料螺钉　　3.取下支承板及弹簧

6.卸下成型杆固定块固定　　5.取出成型杆　　4.卸下成型杆固定螺钉
螺钉

7.取出成型杆固定块　　8.拿对应的六角扳手,卸　　9.取出支承块座
下支承块座固定螺钉

12.取出凸模　　11.拿对应的六角扳手,卸　　10.取出摆动支承块及定
下凸模固定螺钉　　位销

13.卸下成型块固定螺钉　　14.用铜锤敲出成型块　　15.取下定位销

16.用铜锤敲出导向柱

图 5-7　下模拆卸顺序

2)两圆相扣成型模上模的拆卸过程

两圆相扣成型模上模如图 5-8 所示,拆卸开的上模零件如图 5-9 所示。

上模拆卸顺序如图 5-10 所示。

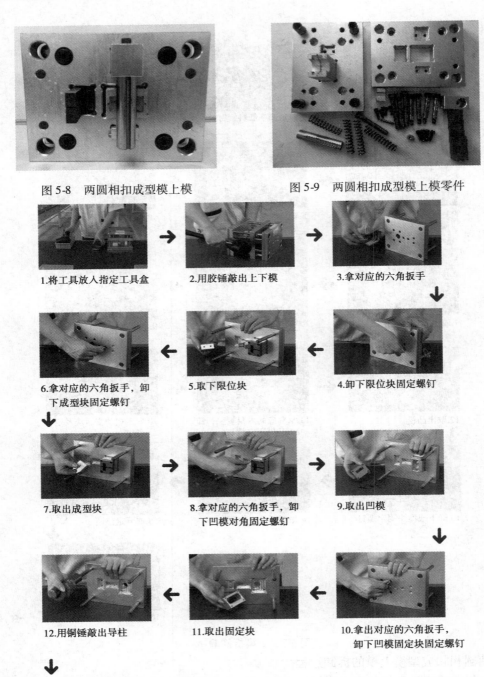

图 5-8　两圆相扣成型模上模　　　　图 5-9　两圆相扣成型模上模零件

1.将工具放入指定工具盒　　　　2.用胶锤敲出上下模　　　　3.拿对应的六角扳手

6.拿对应的六角扳手，卸下成型块固定螺钉　　　　5.取下限位块　　　　4.卸下限位块固定螺钉

7.取出成型块　　　　8.拿对应的六角扳手，卸下凹模对角固定螺钉　　　　9.取出凹模

12.用铜锤敲出导柱　　　　11.取出固定块　　　　10.拿出对应的六角扳手，卸下凹模固定块固定螺钉

13.拆卸完毕

图 5-10　上模拆卸顺序

（2）学生分组实操学习

学生以小组为单位，分组实操学习拆卸两圆相扣成型模。

1）规范着装检查

各小组组长首先对小组成员的着装是否规范进行检查，并将检测结果填入表 5-1 中。

表 5-1　规范着装检查表

检查项目	记　录
工作服穿好了吗	是□　否□
身上的饰物摘掉了吗	是□　否□
穿的鞋子是否防滑、防扎、防砸	是□　否□
正确戴好工作帽和防护眼镜了吗	是□　否□
女生把长发盘起并塞入工作帽内了吗	是□　否□

2）正确拆卸模具

小组分工协作，正确拆卸两圆相扣成型模，并按表 5-2 填写拆卸步骤。拆卸的模具零件须按上、下模分别归类，整齐摆放。指导教师要巡视学生拆卸模具的全过程，发现拆卸中不规范的姿势及方法要及时予以纠正。

表 5-2　两圆相扣成型模的拆卸步骤

工　序	工　步	操作步骤内容	选用工具

3）学习成果展示

以小组为单位展示学习成果，每小组须选派代表把小组学习情况现场向师生介绍展示。

4）"6S"场室清理

①清点拆卸的模具零件是否按上、下模分别归类，整齐摆放。

②拆卸用工具须擦拭干净放回工具箱（盒）。

③做好场室清洁卫生工作。

5）学习评价

按冲压模具拆装成绩评定表 5-3 对学生学习情况进行评价。

各小组须对小组成员的学习情况给出小组评价成绩;各小组须根据小组介绍展示的学习情况,给出小组互评成绩;教师须根据学生现场学习表现和小组学习成果展示,给出教师评价成绩。

表5-3　冲压模具拆装学习评价表

班级		小　组			姓　名			
序号	评价内容	分　值	评价标准	评定成绩			
				小组评价20%	小组互评20%	教师评价60%	合　计
1	认识模具结构	5	每错一项扣分				
2	模具拆装准备	5	总体情况评分				
3	上模正确拆卸	12	每错一项扣2分				
4	下模正确拆卸	12	每错一项扣2分				
5	上模正确装配	12	每错一项扣2分				
6	下模正确装配	12	每错一项扣2分				
7	正确合模	12	总体情况评分				
8	工具用品正确选用和操作	10	总体情况评分				
9	"6S"场室清理	10	总体情况评分				
10	安全文明生产	10	总体情况评分				
总评成绩							

学习记录:

模具知识小词典

常用冷冲压板材——铝合金板材

铝合金冲压件是指采用铝合金材料冲压制成的五金件。铝合金的材质和规格型号有很多种,不同的铝合金材料制成的五金冲压件,性能和用途都不一样。

铝合金板材的可塑性非常好(见图5-11)。纯的铝很软,强度不大,有着良好的延展性,可拉成细丝和轧成箔片;具有良好的可机加工性,大量用于电线、电缆制造业和无线电工业以及包装业。在某些金属中加入少量铝,便可大大改善其性能。如在铝合金板材中加入少量镁、铜,可制得坚韧的铝合金冲压件。

20 世纪末以来,随着各国对汽车节能环保性能要求不断提升,一场汽车轻量化浪潮开始席卷全球。在汽车用材方面,铝合金因其低密度、耐腐蚀、高强度等性能优势成为取代传统钢铁材料的首选。

我国铝合金汽车板产业起步较晚,加上铝合金汽车板行业的高技术、资金壁垒阻碍,国内铝合金板产能增长缓慢。目前,我国汽车行业所用铝合金汽车板产品主要依靠进口,日系车所用板材主要从日本国内进口,而美系和德系车所用汽车板材则由 ALCOA,Norsk-Hydro Novelis 等欧美企业提供。

图 5-11　铝合金冲压板

 学习巩固

一、问答题

你在拆卸模具的过程中是否每个安全事项和步骤都做好了?请列出没有做好的地方和原因。

_____
_____
_____
_____
_____

二、名称解释

1. 上模座

2. 限位柱

3. 固定卸料板

4. 导柱模架

5. 冲模

三、简答题

1. 简述两圆相扣成型模的工作原理。

2. 简述两圆相扣成型模的拆卸步骤。

3. 简述铝合金板材的性能和应用。

学习活动 5.2　认知两圆相扣成型模的结构

 活动描述

本学习活动是要认知两圆相扣成型模的结构。通过本学习活动的学习,能够熟悉理解两圆相扣成型模的结构组成和各零部件的名称和作用。

 知识链接

5.2.1　认知两圆相扣成型模上模结构

两圆相扣成型模上模如图 5-12 所示,上模零件如图 5-13 所示。

图 5-12　两圆相扣成型模上模

图 5-13　两圆相扣成型模上模零件

两圆相扣成型模上模各零部件及名称如图 5-14 所示。

两圆相扣成型模上模各零部件明细见表 5-4。

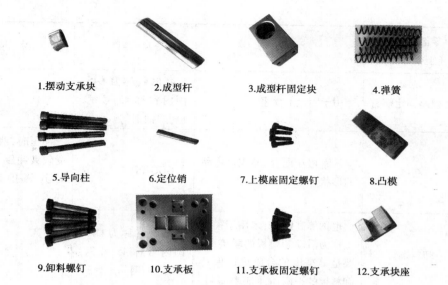

1.摆动支承块　　2.成型杆　　3.成型杆固定块　　4.弹簧

5.导向柱　　6.定位销　　7.上模座固定螺钉　　8.凸模

9.卸料螺钉　　10.支承板　　11.支承板固定螺钉　　12.支承块座

图 5-14　两圆相扣成型模上模各零部件及名称

表 5-4　两圆相扣成型模上模零部件明细表

编　号	零部件名称（上模部分）	用　途	材　料	说　明
1	摆动支承块	主要用来支承,使用摆动支承块后,可减轻导柱的负担,延长模具的寿命	S50C	
2	成型杆	形成产品侧孔的机构	S50C	
3	成型杆固定块	用于固定成型杆的机构部分	S50C	
4	弹簧	为压料板的运动提供动力	65Mn(弹簧钢,锰提高淬透性,$\phi12$ mm 的钢材油中可以淬透,表面脱碳倾向比硅钢小)	设计时,应考虑弹簧的最大压缩量和使用寿命
5	导向柱	可保证上模和下模的精确合模。合模时,先由导向机构导向,凸模和凹模再合模,可避免凸凹模发生碰撞而损坏	GCr15 钢(是一种合金含量较少,具有良好性能、应用最广泛的高碳铬轴承钢)	相互配合,对模具进行导向
6	定位销	安装螺钉之前,对凹模固定板先进行定位	SUJ2(高碳铬轴承钢,具备了轴承的耐磨性,也加强了顶针刚性、加工性)	对于有装配精度的,一般首先按照定位销,然后再安装螺钉

续表

编 号	零部件名称 （上模部分）	用 途	材 料	说 明
7	上模座固定螺钉	用于固定上模座	45#钢（称为 C45，国内常称 45 号钢，也称"油钢"）	
8	凸模	两者相互配合，形成该产品的形状	GGG70L	冲压时，两者需承受较大冲压力，应满足其强度和刚度要求
9	卸料螺钉	也称等高螺钉，多用于模具上作为活动卸料板的联接，主要是等高度的台阶可以保持卸料板的平衡，简称卸料螺钉	45#钢（称为 C45，国内常称 45 号钢，也称"油钢"）	
10	支承板	支承板要通过和上模套板联接来压紧镶块，以形成上模整体	S50C	
11	支承板固定螺钉	用于固定与联接支承板	45#钢（称为 C45，国内常称 45 号钢，也称"油钢"）	
12	支承块座	用于联接摆动支承块与成型杆	S50C	

5.2.2 认知两圆相扣成型模下模结构

两圆相扣成型模下模如图 5-15 所示，下模零件如图 5-16 所示。

图 5-15 两圆相扣成型模下模   图 5-16 两圆相扣成型模下模零件

两圆相扣成型模下模各零部件及名称如图 5-17 所示。

两圆相扣成型模下模各零部件明细见表 5-5。

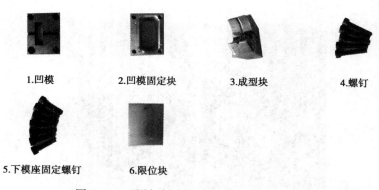

1.凹模　　　2.凹模固定块　　　3.成型块　　　4.螺钉

5.下模座固定螺钉　　6.限位块

图 5-17　两圆相扣成型模下模各零部件及名称

表 5-5　两圆相扣成型模下模零部件明细表

编号	零部件名称（下模部分）	用途	材料	说明
1	凹模	两者相互配合,形成该产品的形状	GGG70L	冲压时,两者需承受较大冲压力,应满足其强度和刚度要求
2	凹模固定块	用于固定凹模部分的机构	S50C（是高级优质中碳钢）	一般都采用组合式,方便更换
3	成型块	确定产品的弯曲形状机构	S50C	
4	螺钉	用于联接固定	45#钢（称为 C45,国内常称 45 号钢,也称"油钢"）	
5	下模座固定螺钉	联接凹模固定块和下模座	45#钢（称为 C45,国内常称 45 号钢,也称"油钢"）	
6	限位块	是放料或冲压过程中起定位作用的,就是可实现快速放料,只要将料边顶到限位块上,位置即准确,就不用调整位置,这样可提高效率	S50C	

 模具知识小词典

常用模具材料——SKD11 钢

SKD11 钢为日本工具钢牌号,是高耐磨的通用冷作模具钢（见图 5-18）。其淬火性佳,热处理变形小。

图5-18　SKD11钢材

(1)应用范围

此钢易于车削,并宜制锋利刀口、剪刀、圆锯、冷或热作修整模、滚筒边、螺丝纹、线模、铣刀、冲击模、圆形滚筒、制电力变压器芯片冲模、切割钢皮轧刀、钢管成型滚筒、特殊成型滚筒、精密规、形状繁杂的冷压工具、心轴、冶金、锡作模、塑胶模、螺钉头模等。

它可用于制作冷镦模具、深拉成型模具、冷挤压模具;制作冷作或热作修整模、滚筒边、丝纹、线模、变压器芯冲模、切割钢轧、钢管成型滚筒、特殊成型筒、钉打头模等,厚度≤6 mm薄钢板的高效落料模、冲裁模、压印模等。

(2)性能要求与热处理方法

通常采用"淬火 + 回火"处理;有高精度与尺寸稳定要求时,采用"淬火 + 冷处理 + 回火"处理;有表面高硬度要求时,采用"淬火 + 回火 + 氮化处理"。

1)深冷处理

为获得最高硬度和尺寸稳定性,模具在淬火后立即深冷 –80 ~ –70 ℃,保持3 ~ 4 h,然后再回火处理。经深冷处理的工具或模具硬度比常规热处理硬度高1 ~ 3HRC。形状复杂和尺寸变化较大的零件,深冷处理有产生开裂的危险。

2)氮化处理

模具或工件氮化处理后,表面可形成一层具有很高硬度和一定耐蚀性的硬化组织。

①在525 ℃氮化的处理,工件表面硬度约为1 250HV。渗氮层深度0.25 ~ 0.35 mm。

②在570 ℃软氮化处理,工件表层硬度约为950HV。通常软氮化处理2 h,硬化层深度可达到10 ~ 20 μm。

磨削加工模坯或工作在低温回火状态,磨削容易产生磨削开裂。为防止裂纹发生,应采取小的磨削进给量分多次磨削,同时辅以良好的水冷条件。

 学习巩固

一、看图填写题

请正确填写两圆相扣成型模各零件的名称和作用。

(一)两圆相扣成型模上模的零件名称和作用(见图5-19)

1. (　　　　　　　)
作用:＿＿＿＿＿＿＿
＿＿＿＿＿＿＿＿＿

2. (　　　　　　　)
作用:＿＿＿＿＿＿＿
＿＿＿＿＿＿＿＿＿

3. (　　　　　　　)
作用:＿＿＿＿＿＿＿
＿＿＿＿＿＿＿＿＿

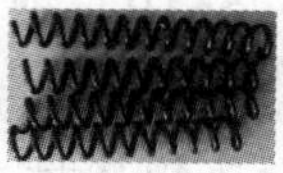

4. (　　　　　　　)
作用:＿＿＿＿＿＿＿
＿＿＿＿＿＿＿＿＿

5. (　　　　　　　)
作用:＿＿＿＿＿＿＿
＿＿＿＿＿＿＿＿＿

6. (　　　　　　　)
作用:＿＿＿＿＿＿＿
＿＿＿＿＿＿＿＿＿

7. (　　　　　　　)
作用:＿＿＿＿＿＿＿
＿＿＿＿＿＿＿＿＿

8. (　　　　　　　)
作用:＿＿＿＿＿＿＿
＿＿＿＿＿＿＿＿＿

9. (　　　　　　　)
作用:＿＿＿＿＿＿＿
＿＿＿＿＿＿＿＿＿

10. (　　　　　　　)
作用:＿＿＿＿＿＿＿
＿＿＿＿＿＿＿＿＿

11. (　　　　　　　)
作用:＿＿＿＿＿＿＿
＿＿＿＿＿＿＿＿＿

12. (　　　　　　　)
作用:＿＿＿＿＿＿＿
＿＿＿＿＿＿＿＿＿

图 5-19　两圆相扣成型模上模的零件名称和作用

（二）两圆相扣成型模下模的零件名称和作用（见图 5-20）

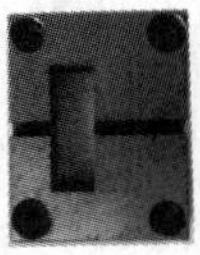

1. (　　　　　　　)
作用:＿＿＿＿＿＿＿
＿＿＿＿＿＿＿＿＿

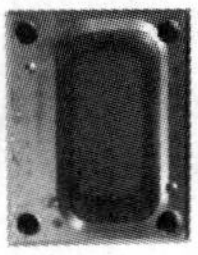

2. (　　　　　　　)
作用:＿＿＿＿＿＿＿
＿＿＿＿＿＿＿＿＿

3. (　　　　　　　)
作用:＿＿＿＿＿＿＿
＿＿＿＿＿＿＿＿＿

4. (　　　　　　　)
作用:＿＿＿＿＿＿＿
＿＿＿＿＿＿＿＿＿

5. (　　　　　　　)
作用:＿＿＿＿＿＿＿
＿＿＿＿＿＿＿＿＿

6. (　　　　　　　)
作用:＿＿＿＿＿＿＿
＿＿＿＿＿＿＿＿＿

图 5-20　两圆相扣成型模下模的零件名称和作用

二、填空题

1. SKD11 钢为＿＿＿＿＿＿牌号，是＿＿＿＿＿＿的通用＿＿＿＿＿＿模具钢。其＿＿＿＿＿＿佳，＿＿＿＿＿＿小。

2. 限位块是＿＿＿＿＿＿或＿＿＿＿＿＿过程中起＿＿＿＿＿＿的，就是可实现＿＿＿＿＿＿，只要将料边顶到限位块上，位置即准确，就不用调整位置，这样可＿＿＿＿＿＿。

3. 模具为获得最高硬度和尺寸稳定性，模具在淬火后立即深冷＿＿＿＿＿＿~＿＿＿＿＿＿，保持＿＿＿＿＿＿h，然后再＿＿＿＿＿＿，经深冷处理的工具或模具硬度比常规热处理硬度高 1~3HRC。形状复杂和尺寸变化较大的零件，深冷处理有产生＿＿＿＿＿＿。

4. 卸料螺钉也称＿＿＿＿＿＿，多用于模具上作为＿＿＿＿＿＿的联接，主要是等高度的台阶可以保持＿＿＿＿＿＿的平衡。

5. 支承板要通过和＿＿＿＿＿＿联接来压紧＿＿＿＿＿＿，以形成上模整体。

6. 导向柱是可保证＿＿＿＿＿＿和＿＿＿＿＿＿的精确合模。合模时，先由＿＿＿＿＿＿导向，凸模和凹模再合模，可避免＿＿＿＿＿＿发生＿＿＿＿＿＿而损坏。

7. 凹模在冲压时，两者需承受较大＿＿＿＿＿＿，应满足其＿＿＿＿＿＿和＿＿＿＿＿＿要求。

8. 模具弹簧在设计时，应考虑弹簧的最大＿＿＿＿＿＿和＿＿＿＿＿＿。

三、简述题

1. 简述 SKD11 钢的性能要求与热处理方法。
2. 简述 SKD11 钢的应用范围。

学习活动 5.3　装配两圆相扣成型模

活动描述

本学习活动是在正确拆卸两圆相扣成型模的基础上，学习选用合适的模具装配工具正确装配两圆相扣成型模。

活动准备

（1）模具准备

分组准备模具：根据模具拆装实训安排的人数，一般按 4~6 人为一个小组进行分组。每组准备一套两圆相扣成型模，如图 5-1 所示。

（2）工具用品准备

模具装配用工具和防护用品如图 5-21 所示。

（3）分组活动准备

1）分组安排

根据学习人数分组，以 4~6 人一组为最佳，每组选出一名组长，同组人员分工负责拆装、测量、观察、记录、装配与总结等活动任务。

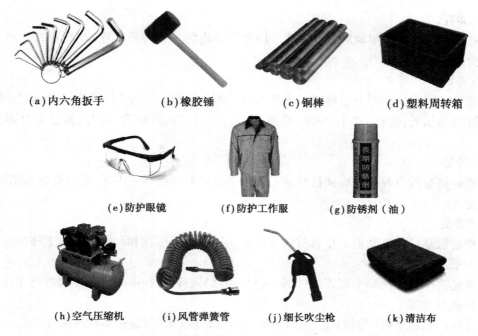

(a) 内六角扳手   (b) 橡胶锤   (c) 铜棒   (d) 塑料周转箱

(e) 防护眼镜   (f) 防护工作服   (g) 防锈剂（油）

(h) 空气压缩机   (i) 风管弹簧管   (j) 细长吹尘枪   (k) 清洁布

图 5-21   模具装配用工具和防护用品

2）工具领用管理

以小组为单位，组长负责领用并清点拆装与测量所用的工量具、防护用品等，熟悉工量具的正确使用方法与使用要求。实训结束时，按清单清点工量具，待指导教师验收无误才能下课。

3）学习遵守安全操作规程

模具拆装实训是模具专业重要的实训环节。实训前，要求学生认真学习模具拆装安全操作规程。实训时，认真管理学生，严格执行安全操作规程，树立安全理念、强化安全意识。

 知识链接

5.3.1 冷冲模工序术语

（1）翻边

翻边是沿外形曲线周围将材料翻成侧立短边的冲压工序。

（2）切开

切开是将材料沿敞开轮廓局部而不是完全分离的一种冲压工序。被切开而分离的材料位于或基本位于分离前所处的平面上。

（3）切断

切断是将材料沿敞开轮廓分离的一种冲压工序，被分离的材料成为工件或工序件。

（4）反拉深

反拉深是把空心工序件内壁外翻的一种拉深工序。

（5）冲中心孔

冲中心孔是在工序件表面形成浅凹中心孔的一种冲压工序，背面材料并无相应凸起。

(6)冲孔

冲孔是将废料沿封闭轮廓从材料或工序件上分离的一种冲压工序,在材料或工序件上获得所需要的孔。

(7)冲裁

冲裁是利用冲模使部分材料或工序件与另一部分材料、工(序)件或废料分离的一种冲压工序。冲裁是切断、落料、冲孔、冲缺、冲槽、剖切、凿切、切边、切舌、切开、修整等分离工序的总称。

(8)冲槽

冲槽是将废料沿敞开轮廓从材料或工序件上分离的一种冲压工序,敞开轮廓呈槽形,其深度超过宽度。

(9)成型

成型是依靠材料流动而不依靠材料分离使工序件改变形状和尺寸的冲压工序的统称。

(10)扭曲

扭曲是将平直或局部平直工序件的一部分相对另一部分扭曲一定角度的冲压工序。

(11)连续拉深

连续拉深是在条料(卷料)上,用同一副模具(级进拉深模)通过多次拉深逐步形成所需形状和尺寸的一种冲压方法。

(12)拉延

拉延是把平直毛坯料或工序件变成曲面形的一种冲压工序,曲面主要依靠位于凸模底部材料的延伸形成。

(13)拉深

拉深是把平直毛坯料或工序件变成空心件,或者把空心件进一步改变形状和尺寸的一种冲压工序。拉深时,空心件主要依靠位于凸模底部以外的材料流入凹模而形成。

(14)弯曲

弯曲是利用压力使材料产生塑性变形,从而被弯成有一定曲率、一定角度和形状的一种冲压工序。

(15)深孔冲裁

深孔冲裁是孔径等于或小于被冲材料厚度时的冲孔工序。

(16)落料

落料是将材料沿封闭轮廓分离的一种冲压工序,被分离的材料成为工件或工序件,大多是平面形状的。

(17)整形

整形是依靠材料流动,少量改变工序件的形状和尺寸,以保证工件精度的一种冲压工序。

5.3.2　两圆相扣成型模的装配流程

两圆相扣成型模的装配流程如图 5-22 所示。

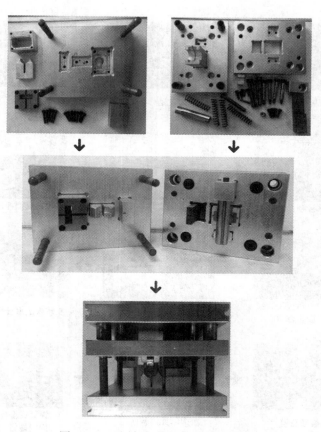

图 5-22　两圆相扣成型模装配流程图

活动实施

（1）教师示范演示

通过教师示范演示，指导学生理解两圆相扣成型模的装配过程。

1）两圆相扣成型模上模的装配过程

两圆相扣成型模上模如图 5-23 所示，零件如图 5-24 所示。

图 5-23　两圆相扣成型模上模

图 5-24　两圆相扣成型模上模零件

上模装配顺序如图 5-25 所示。

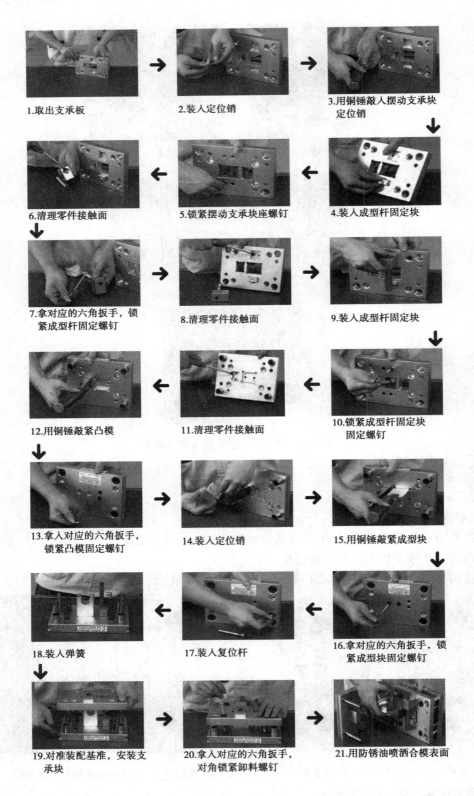

1.取出支承板　　2.装入定位销　　3.用铜锤敲入摆动支承块定位销

6.清理零件接触面　　5.锁紧摆动支承块座螺钉　　4.装入成型杆固定块

7.拿对应的六角扳手，锁紧成型杆固定螺钉　　8.清理零件接触面　　9.装入成型杆固定块

12.用铜锤敲紧凸模　　11.清理零件接触面　　10.锁紧成型杆固定块固定螺钉

13.拿入对应的六角扳手，锁紧凸模固定螺钉　　14.装入定位销　　15.用铜锤敲紧成型块

18.装入弹簧　　17.装入复位杆　　16.拿对应的六角扳手，锁紧成型块固定螺钉

19.对准装配基准，安装支承块　　20.拿入对应的六角扳手，对角锁紧卸料螺钉　　21.用防锈油喷洒合模表面

23.用胶锤敲紧上下模部分　　22.对准装配基准，安装上模与下模

图 5-25　上模装配顺序

2）倒装复合模下模的装配与合模过程

两圆相扣成型模下模如图 5-26 所示，零件如图 5-27 所示。

图 5-26　两圆相扣成型模下模

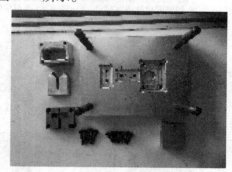

图 5-27　两圆相扣成型模下模零件

下模装配顺序如图 5-28 所示。

（2）学生分组实操学习

学生以小组为单位，分组实操学习装配两圆相扣成型模。

1）规范着装检查

各小组组长首先对小组成员的着装是否规范进行检查，并将检查结果填入表 5-6 中。

表 5-6　规范着装检查表

姓　名		学　号		自检项目	记　录
工作服穿好了吗					是□　否□
身上的饰物摘掉了吗					是□　否□
穿的鞋子是否防滑、防扎、防砸					是□　否□
正确戴好工作帽和防护眼镜了吗					是□　否□
女生把长发盘起并塞入工作帽内了吗					是□　否□

2）正确装配模具

小组分工协作，正确装配两圆相扣成型模，并按表 5-7 填写装配步骤。指导教师要巡视学生装配模具的全过程，发现装配过程中不规范的姿势及方法要及时予以纠正。

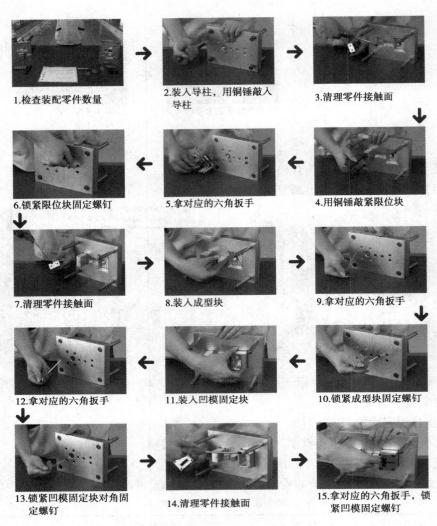

1.检查装配零件数量 2.装入导柱，用铜锤敲入导柱 3.清理零件接触面

6.锁紧限位块固定螺钉 5.拿对应的六角扳手 4.用铜锤敲紧限位块

7.清理零件接触面 8.装入成型块 9.拿对应的六角扳手

12.拿对应的六角扳手 11.装入凹模固定块 10.锁紧成型块固定螺钉

13.锁紧凹模固定块对角固定螺钉 14.清理零件接触面 15.拿对应的六角扳手，锁紧凹模固定螺钉

图 5-28　下模装配顺序

表 5-7　两圆相扣成型模的装配步骤

工　序	工　步	操作步骤内容	选用工具

3）学习成果展示

以小组为单位展示学习成果,每小组须选派代表把小组学习情况现场向师生介绍展示。

4）"6S"场室清理

①清点拆装的模具是否归类整齐摆放,检查有无遗漏模具零件。

②拆装用工具须擦拭干净放回工具箱(盒)。

③做好场室清洁卫生工作。

5）学习评价

按冲压模具拆装学习评价表 5-3 完成对学生学习情况的评价。

各小组须对小组成员的学习情况给出小组评价成绩;各小组须根据小组介绍展示的学习情况,给出小组互评成绩;教师须根据学生现场学习表现和小组学习成果展示,给出教师评价成绩。

 模具知识小词典

常用模具材料——65Nb 钢

65Nb 钢是 6Cr4W3Mo2VNb 的简称。

65Nb 钢是高韧性冷作模具钢,其化学成分接近高速工具钢的基体成分,属于一种基体钢。

（1）性能特点

具有高速工具钢的高硬度和高强度;又因该钢没有过剩的碳化物,故具有较高的韧性和抗疲劳强度;锻造性能良好,锻造时要缓慢加热,保证透烧,始锻温度不宜太高,终锻温度不宜过低,锻后应回火,缓冷(砂冷或炉冷)或及时退火;钢的抗氧化性良好;属于高合金钢,导热性差;与高速钢、高铬工具钢相比,变形抗力低,高温韧性好。经 1 080 ~ 1 180 ℃加热保温后,油冷淬火,530 ~ 580 ℃回火,65Nb 钢的抗弯强度比高速钢高出 30% ~ 40%,冲击韧性值高 3 ~ 4 倍;该钢淬硬深度为空淬≤50 mm,油淬≤80 mm;该钢的最终热处理一般是淬火和低温回火(少数采用中温回火或高温回火),热处理后的硬度通常在 45 ~ 50HRC 以上。

（2）典型应用举例

①用于制造冷挤压模具、螺钉冲头、冷冲模、拉延模和搓丝板等。

②用于制造冲击载荷及形状复杂的冷作模,如冷镦模具、螺钉冲头等。

③可用于钢件的冷挤压凸模,选用硬度 62 ~ 64HRC。

④用于制作大型复杂、受冲击载荷大的模具,效果很好。

⑤该钢用于冷挤、温挤、冷冲、冷镦、冷剪等冷作模具用钢,使用寿命比原来使用的高速钢、高碳工具钢成倍增加。

⑥适用于制作大、中型冷镦模、精压模。

⑦该钢复合冲模经 1 140 ℃油淬、540 ℃二次回火后与原采用的 T10 钢复合冲模相比,使用寿命提高了 60 倍,同时经辉光离子氮化和渗硼处理可进一步提高其使用寿命。

 学习巩固

一、问答题

你在装配模具的过程中是否每个安全事项和步骤都做好了？请列出没有做好的地方和原因。

_____

_____

_____

_____

_____

二、填空题

1.切开是将_____沿敞开轮廓局部而不是_____的一种冲压工序。被切开而分离的材料位于_____或_____前所处的平面上。

2.65Nb 钢是_____冷作模具钢,属于一种基体钢。具有高速工具钢的_____和_____;又因该钢没有过剩的碳化物,故具有较高的_____和_____。

3.拉深工序是把平直毛坯料或工序件变成_____,或者把空心件进一步改变形状和尺寸的一种_____工序。拉深时,空心件主要依靠位于_____以外的材料流入凹模而形成。

4.可锻铸铁是由_____退火处理后获得,石墨呈团絮状分布,简称韧铁。其组织性能均匀,耐磨损,有良好的_____和_____。用于制造形状复杂、能承受强动载荷的零件。

5.深孔冲裁是_____或_____被冲材料厚度时的冲孔工序。

三、名称解释

1.65Nb 钢

2.冲裁

3.成型

四、简答题

1.简述 65Nb 钢的性能特点。

2.举例说明 65Nb 钢的应用。

3.简述两圆相扣成型模的装配步骤。

学习任务 **6**
拆装前哈夫模

 学习目标

知识点：

- 模具拆装工具和用品的名称、功能和使用方法。
- 前哈夫模的结构组成与零部件作用。
- 前哈夫模的工作原理。
- 塑料模具拆装的注意事项。

技能点：

- 会正确选择和使用模具拆装工具和用品。
- 能正确识别前哈夫模的结构，说出各零部件作用。
- 会正确拆卸前哈夫模。
- 会正确装配前哈夫模。
- 自觉遵守安全文明生产规程，养成安全文明生产习惯。
- 养成踏实严谨、精益求精、爱岗敬业、积极进取、总结反思、团队合作的职业素养。

 建议学时

16 课时。

学习活动 6.1　拆卸前哈夫模

 活动描述

本学习活动是拆卸如图 6-1 所示的前哈夫模。通过本学习活动的学习，理解前哈夫模的

107

结构组成和工作原理,掌握拆装工具的正确使用和正确拆卸该类模具的工艺方法。

图 6-1　前哈夫模实物

 活动分析

前哈夫模是把模具利用哈夫线在产品上的夹线分成两半,分型线是动、定模在产品上的夹线。哈夫是英文"half"的译音,就是一半的意思,就是指一个模板被分成多个一半,一般指滑块,可以是两块,也可以是多块。

前哈夫模的爆炸图如图 6-2 所示。通过本学习活动完成前哈夫模的拆卸,掌握模具拆装工具的使用,理解前哈夫模的工作原理、整体结构和配合方式,掌握正确的模具拆卸工艺方法。

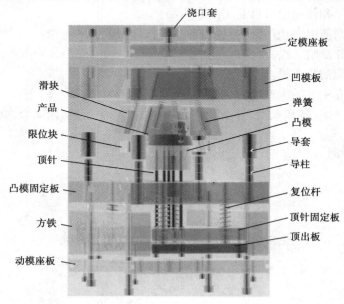

图 6-2　前哈夫模爆炸图

活动准备

（1）模具准备

分组准备模具：根据模具拆装实训安排的人数，一般按 4～6 人为一个小组进行分组。每组准备一套前哈夫模，如图 6-1 所示。

（2）工具用品准备

须准备的模具拆装用工具和防护用品如图 6-3 所示。

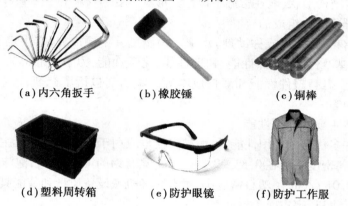

（a）内六角扳手　　　（b）橡胶锤　　　（c）铜棒

（d）塑料周转箱　　　（e）防护眼镜　　　（f）防护工作服

图 6-3　模具拆装用工具和防护用品

（3）分组活动准备

1）分组安排

根据学习人数分组，以 4～6 人一组为最佳，每组选出一名组长，同组人员分工负责拆装、测量、观察、记录、装配与总结等活动任务。

2）工具领用管理

以小组为单位，组长负责领用并清点拆装与测量所用的工量具、防护用品等，熟悉工量具的正确使用方法与使用要求。实训结束时，按清单清点工量具，待指导教师验收无误才能下课。

3）学习遵守安全操作规程

模具拆装实训是模具专业重要的实训环节。实训前，要求学生认真学习模具拆装安全操作规程。实训时，认真管理学生，严格执行安全操作规程，树立安全理念、强化安全意识。

知识链接

6.1.1　前哈夫模简介

前哈夫模是注射（塑）模具。其工作原理是塑料首先在注塑机的加热料筒中受热熔融，然后在注塑机螺杆或活塞的推动下，经喷嘴和模具的浇注系统进入模具型腔，最后在型腔中硬化定型。

前哈夫模的定模部分由两半拼合而成。前哈夫模并不是复合模，两个概念有区别。哈夫是英文"half"的译音,就是一半的意思,一般指滑块,可以是两块,也可以是多块。哈夫滑块相结合的地方就是哈夫线。而模具分型线即动模与定模的分型线,即开模线。

6.1.2 塑料模具基础知识

(1) 塑料

1)什么是塑料

塑料是以高分子合成树脂为基本原料,加入一定量的添加剂而组成,在一定的温度压力下可塑制成具有一定结构形状,能在常温下保持其形状不变的材料。

2)塑料是由哪些成分组成的

塑料是由树脂和添加剂(或称助剂)组成。树脂是其主要成分,它决定了塑料的类型(热塑性或热固性)和基本性能(如热性能、物理性能、化学性能、力学性能等)。添加剂的作用是改善成型工艺性能,提高塑件性能和降低成本等。添加剂包括填充剂、增塑剂、着色剂、润滑剂、稳定剂、固化剂等。

3)塑料有哪些主要的使用性能

塑料因为有许多优良的使用性能,因而被广泛地应用于各个领域。其主要使用性能如下:

①密度小:塑料密度一般在 $0.83 \sim 2.2$ g/cm³,只有钢的 $1/8 \sim 1/4$,泡沫塑料的密度更小,其密度一般小于 0.01 g/cm³。塑料密度小,对于减轻机械设备质量和节能具有重要的意义,尤其是对车辆、船舶、飞机、宇宙航天器而言。

②比强度和比刚度高:塑料的绝对强度不如金属高,但塑料密度小,所以比强度($\sigma b/\rho$)、比刚度(E/ρ)相当高,尤其是以各种高强度的纤维状、片状和粉末状的金属或非金属为填料制成的增强塑料,其比强度和比刚度比金属还高。

③化学稳定性好:绝大多数的塑料都有良好的耐酸、碱、盐、水和气体的性能,在一般的条件下,它们不与这些物质发生化学反应。

④电绝缘、绝热、绝声性能好,黏结能力强,成形和着色性能好。

⑤耐磨和自润滑性好:塑料的摩擦系数小、耐磨性好、有很好的自润滑性,加上比强度高,传动噪声小,它可在液体介质、半干甚至干摩擦条件下有效地工作。它可制成轴承、齿轮、凸轮及滑轮等机器零件,非常适用于转速不高、载荷不大的场合。

(2) 塑料模具

1)定义

塑料模具是安装在塑料成型机上成型加工塑料制品的工艺装备。

2)塑料模具分类简介

按照塑料制件成型方法的不同,塑料模具主要分为以下 6 类:

①塑料注射(塑)模具

塑料注射(塑)模具是热塑性塑料制品生产中应用最为普遍的一种成型模具。其对应的加工设备是塑料注射成型机。塑料首先在注射机底加热料筒内受热熔融,然后在注射机的螺杆或柱塞推动下,经注射机喷嘴和模具的浇注系统进入模具型腔,塑料冷却硬化成型,脱模得到塑料制品。其结构通常由成型部件、浇注系统、导向部件、推出机构、调温系统、排气系统、支承部件等部分组成。

常用的材质主要为碳素结构钢、碳素工具钢、合金工具钢、高速钢等。

注射成型加工方式通常只适用于热塑性塑料制品生产。用注射成型工艺生产的塑料制品十分广泛,从生活日用品到各类复杂的机械、电器、交通工具零件等都是用注射模具成型的。它是塑料制品生产中应用最广的一种塑料成型加工方法。

②塑料压塑模具

塑料压塑模具包括压缩成型和压注成型两种结构的模具类型。它们是主要用来成型热固性塑料的模具,其所对应的设备是压力成型机。

压缩成型方法是根据塑料特性,将模具加热至成型温度(一般为 $103 \sim 108$ ℃),然后将计量好的压塑粉放入模具型腔和加料室,闭合模具,塑料在高热、高压作用下呈软化黏流,经一定时间后固化定型,成为所需制品形状。

压注成型与压缩成型不同的是有单独的加料室,成型前模具先闭合,塑料在加料室内完成预热呈黏流态,在压力作用下调整挤入模具型腔,硬化成型。

压塑模具广泛用于封装电器元件方面,也用来成型某些特殊的热塑性塑料,如难以熔融的热塑性塑料(如聚加氟乙烯)毛坯(冷压成型),光学性能很高的树脂镜片,轻微发泡的硝酸纤维素汽车方向盘等。

压塑模具主要由型腔、加料腔、导向机构、推出部件及加热系统等组成。

压塑模具制造所用材质与注射模具基本相同。

③塑料挤出模具

塑料挤出模具是用来成型生产连续形状的塑料制品的一类模具,又称挤出成型机头,广泛用于管材、棒材、单丝、板材、薄膜、电线电缆包覆层、异型材等的加工。与其对应的生产设备是塑料挤出机。其原理是固态塑料在加热和挤出机的螺杆旋转加压条件下熔融、塑化,通过特定形状的口模而制成截面与口模形状相同的连续塑料制品。

其制造材料主要有碳素结构钢、合金工具等,有些挤出模具在需要耐磨的部件上还会镶嵌金刚石等耐磨材料。

挤出工艺通常只适用热塑性塑料制品的生产,其在结构上与注塑模具和压塑模具有明显区别。

④塑料吹塑模具

塑料吹塑模具是用来成型塑料容器类中空制品(如饮料瓶、日化用品等各种包装容器)的一种模具。吹塑成型的形式按工艺原理,主要有挤出吹塑中空成型、注射吹塑中空成型、注射延伸吹塑中空成型(俗称"注拉吹")、多层吹塑中空成型、片材吹塑中空成型等。中空制品吹塑成型所对应的设备通常称为塑料吹塑成型机。吹塑成型只适用于热塑性塑料制品的生产。吹塑模具结构较为简单,所用材料多以碳素钢制造。

⑤塑料吸塑模

塑料吸塑模是以塑料板、片材为原料成型某些较简单塑料制品的一种模具。其原理是利用抽真空盛开方法或压缩空气成型方法使固定在凹模或凸模上的塑料板、片,在加热软化的情况下变形而贴在模具的型腔上得到所需成形产品。它主要用于一些日用品、食品、玩具类包装制品生产方面。吸塑模因成型时压力较低,所以模具材料多选用铸铝或非金属材料制造,结构较为简单。

⑥高发泡聚苯乙烯成型模具

高发泡聚苯乙烯成型模具是应用可发性聚苯乙烯(由聚苯乙烯和发泡剂组成的珠状料)

原料来成型各种所需形状的泡沫塑料包装材料的一种模具。其原理是可发聚苯乙烯在模具内能入蒸汽成型。它包括简易手工操作模具和液压机直通式泡沫塑料模具两种类型,主要用来生产工业品方面的包装产品。制造此种模具的材料有铸铝、不锈钢、青铜等。

3)塑料注射(塑)模具结构组成

注射(塑)模具由动模和定模两部分组成。动模安装在注射成型机的移动模板上,定模安装在注射成型机的固定模板上。在注射成型时,动模与定模闭合构成浇注系统和型腔。开模时,动模和定模分离以便取出塑料制品。为了减少繁重的模具设计和制造工作量,注塑模大多采用了标准模架。

4)注射成型的特点

注射成型的特点是:成型周期短,能一次成型外形复杂、尺寸精密、带有嵌件的塑料制件;对各种塑料的适应性强;生产效率高,产品质量温度,易于实现自动化生产。因此,它广泛地用于塑料制件的生产中,但注射成型的设备及模具制造费用较高,不适合单件及批量较小的塑料制件的生产。

5)如何避免塑料模具干涉现象的产生

在模具结构允许的情况下,应尽量避免在侧型芯投影范围内设置推杆。如果受到模具结构的限制而侧型芯的投影下一定要设置推杆,首先要考虑能否使推杆推出一定距离后仍低于侧型芯的最低面。当这一条件不能满足时,就必须采取措施使推出机构先复位,然后侧型芯滑块再复位,这样才能避免干涉。

6.1.3 塑料模具拆卸注意事项

塑料模具拆卸注意事项与冲压模具注意事项基本相同。

①分开动、定模严禁用铁锤,只能用铜锤或胶锤敲开。

②松开六角螺钉过紧时,可先喷防锈油再进行松开,以防损坏螺钉与模具部件。

③拆卸模具联接零件时,应先取出模内的定位销,再选出模内的六角螺钉。

④出定位销时必须轻拿轻放,不能用蛮力以免拉断。

⑤拆卸过程中,要记清楚各零部件在模具中的位置(记录模具各零件的名称、功能),并放在指定位置,以便重新装配。

⑥遇到其他困难时,先分析原因,并请教师傅或老师,不能随意操作,以免损坏模具。

6.1.4 前哈夫模拆卸流程

前哈夫模拆卸流程如图 6-4 所示。

 活动实施

(1)教师示范演示

通过教师示范演示,指导学生理解前哈夫模的拆卸过程。

1)前哈夫模定模的拆卸过程

前哈夫模定模如图 6-5 所示,定模零件如图 6-6 所示。

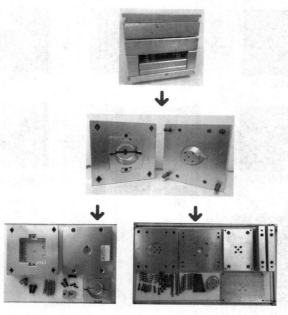

图 6-4　前哈夫模拆卸流程图

图 6-5　前哈夫模定模

图 6-6　前哈夫模定模零件

定模拆卸顺序如图 6-7 所示。

1.用铜锤敲出动模与定模部分

2.分开定模与动模部分

3.用六角扳手卸下压块螺钉

6.取出另一个哈夫滑块，并取出弹簧

5.取出弹簧

4.取出一个哈夫滑块

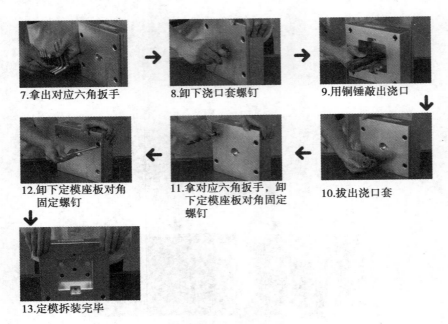

7.拿出对应六角扳手　　8.卸下浇口套螺钉　　9.用铜锤敲出浇口

12.卸下定模座板对角　　11.拿对应六角扳手，卸　　10.拔出浇口套
固定螺钉　　　　　　　下定模座板对角固定
　　　　　　　　　　螺钉

13.定模拆装完毕

图 6-7　定模拆卸顺序

2）前哈夫模动模的拆卸过程

前哈夫模动模如图 6-8 所示，动模零件如图 6-9 所示。

图 6-8　前哈夫模动模

图 6-9　前哈夫模动模零件

动模拆卸顺序如图 6-10 所示。

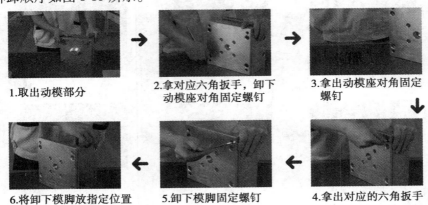

1.取出动模部分　　2.拿对应六角扳手，卸下　　3.拿出动模座对角固定
　　　　　　　动模座对角固定螺钉　　螺钉

6.将卸下模脚放指定位置　　5.卸下模脚固定螺钉　　4.拿出对应的六角扳手

114

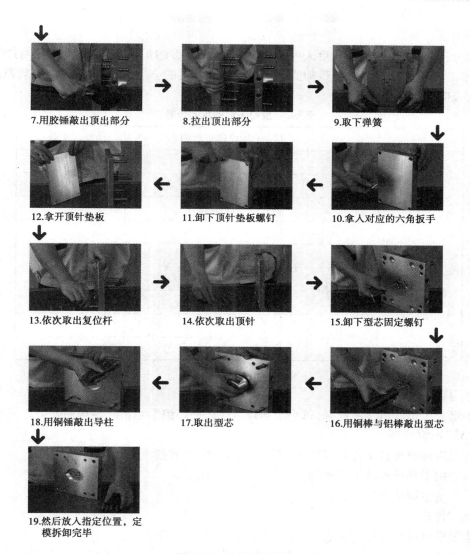

7.用胶锤敲出顶出部分 8.拉出顶出部分 9.取下弹簧

12.拿开顶针垫板 11.卸下顶针垫板螺钉 10.拿入对应的六角扳手

13.依次取出复位杆 14.依次取出顶针 15.卸下型芯固定螺钉

18.用铜锤敲出导柱 17.取出型芯 16.用铜棒与铝棒敲出型芯

19.然后放入指定位置，定模拆卸完毕

图 6-10 动模拆卸顺序

（2）学生分组实操学习

学生以小组为单位，分组实操学习拆卸前哈夫模。

1）规范着装检查

各小组组长首先对小组成员的着装是否规范进行检查，并将检测结果填入表 6-1 中。

表 6-1 规范着装检查表

检查项目	记　录
工作服穿好了吗	是□　否□
身上的饰物摘掉了吗	是□　否□
穿的鞋子是否防滑、防扎、防砸	是□　否□
正确戴好工作帽和防护眼镜了吗	是□　否□
女生把长发盘起并塞入工作帽内了吗	是□　否□

2）正确拆卸模具

小组分工协作,正确拆卸前哈夫模,并按表6-2填写拆卸步骤。拆卸的模具零件须按上、下模分别归类,整齐摆放。指导教师要巡视学生拆卸模具的全过程,发现拆卸中不规范的姿势及方法要及时予以纠正。

表6-2　前哈夫模的拆卸步骤

工　序	工　步	操作步骤内容	选用工具

3）学习成果展示

以小组为单位展示学习成果,每小组须选派代表把小组学习情况现场向师生介绍展示。

4）"6S"场室清理

①清点拆卸的模具零件是否按上、下模分别归类,整齐摆放。

②拆卸用工具须擦拭干净放回工具箱(盒)。

③做好场室清洁卫生工作。

5）学习评价

按注塑模具拆装成绩评定表6-3对学生学习情况进行评价。

各小组须对小组成员的学习情况给出小组评价成绩;各小组须根据小组介绍展示的学习情况,给出小组互评成绩;教师须根据学生现场学习表现和小组学习成果展示,给出教师评价成绩。

表6-3　注塑模具拆装学习评价表

班级		小　组			姓　名			
序号	评价内容	分　值	评价标准		评定成绩			
				小组评价 20%	小组互评 20%	教师评价 60%	合　计	
1	认识模具结构	5	每错一项扣分					
2	模具拆装准备	5	总体情况评分					
3	动模正确拆卸	12	每错一项扣2分					

续表

序号	评价内容	分 值	评价标准	评定成绩			合 计
				小组评价 20%	小组互评 20%	教师评价 60%	
4	定模正确拆卸	12	每错一项扣2分				
5	动模正确装配	12	每错一项扣2分				
6	定模正确装配	12	每错一项扣2分				
7	正确合模	12	总体情况评分				
8	工具用品正确选用和操作	10	总体情况评分				
9	"6S"场室清理	10	总体情况评分				
10	安全文明生产	10	总体情况评分				
总评成绩							

学习记录：

模具知识小词典

注塑产品常用材料——聚氨酯

聚氨酯是聚氨基甲酸酯的简称，英文名称是polyurethane，是一种高分子材料。聚氨酯是一种新兴的有机高分子材料，被誉为"第五大塑料"，因其卓越的性能而被广泛应用于国民经济众多领域。产品应用领域涉及轻工、化工、电子、纺织、医疗、建筑、建材、汽车、国防、航天、航空等。

（1）家具业应用

①油漆。

②涂料。

③黏合剂。

④沙发。

⑤床垫。

⑥座椅扶手。

（2）家用电器应用

①电器绝缘漆。

图6-11　聚氨酯材料

117

②电线电缆护套。

③冰箱、冷柜、消毒柜、热水器等保温层。

④洗衣机电子器件防水灌封胶。

（3）建筑业应用

①密封胶。

②黏合剂。

③屋顶防水保温层。

④冷库保温。

⑤内外墙涂料。

⑥地板漆。

⑦合成木材。

⑧跑道。

⑨防水堵漏剂。

⑩塑胶地板。

（4）交通行业应用

①飞机、汽车内饰件座椅、扶手、头枕、门内板、仪表盘、方向盘、保险杠、减振垫、挡泥板。

②地毯衬里、油漆。

③保温绝缘部件、管路。

④密封垫圈。

⑤防滑链。

（5）制鞋、制革业应用

①鞋内、外底。

②黏合剂。

③皮革整饰剂。

④人造革、合成革涂层。

（6）体育行业的应用

①塑胶运动场地,包括篮球、排球、羽毛球、网球场地、跑道的铺设。

②运动服装,包括舞蹈服、泳衣、舞蹈服。

③运动鞋、滑板车。

（7）工业应用

①PU 软泡 Flexible PU:垫材如座椅、沙发、床垫等。聚氨酯软泡是一种非常理想的垫材材料,垫材也是软泡用量最大的应用领域。

②吸音材料。开孔的聚氨酯软泡具有良好的吸声消振功能,可用作室内隔音材料。

③织物复合材料。垫肩、文胸海绵、化妆棉;玩具。

④PU 硬泡 Rigid PU:冷冻冷藏设备如冰箱、冰柜、冷库、冷藏车等。聚氨酯硬泡是冷冻冷藏设备的最理想的绝热材料。

⑤工业设备保温。如储罐、管道等。

⑥建筑材料。在欧美发达国家,建筑用聚氨酯硬泡占硬泡总消耗量的70%左右,是冰箱、冰柜等硬泡用量的1倍以上;在中国,硬泡在建筑业的应用还不像西方发达国家那样普遍,所

以发展的潜力非常大。

⑦交通运输业。如汽车顶篷、内饰件(方向盘、仪表盘)等。

⑧仿木材。高密度(密度300~700 kg/m³)聚氨酯硬泡或玻璃纤维增强硬泡是结构泡沫塑料,又称仿木材。它具有强度高、韧性好、结皮致密坚韧、成型工艺简单、生产效率高等特点,强度可比天然木材高,密度可比天然木材低,可替代木材用作各类高档制品。

⑨灌封材料。如防水灌浆材料、堵漏材料、屋顶防水材料。

⑩花卉行业。如PU花盆、插花泥等。

 学习巩固

一、问答题

你在装配模具的过程中是否每个安全事项和步骤都做好了?请列出没有做好的地方和原因。

_____

_____

_____

_____

_____

二、填空题

1. 塑料是以_____为基本原料,加入一定量的_____而组成,在一定的温度压力下可塑制成具有一定_____,能在常温下保持其_____的材料。

2. 塑料是由_____和_____组成。_____是塑料的主要成分,它决定了塑料的_____和_____。_____的作用是改善塑料成型工艺性能,提高塑件性能和降低成本等。

3. 塑料模具是安装在塑料成形机上成形加工塑料制品的_____。

4. 塑料注射(塑)模具是热塑性塑料制品生产中应用最为普遍的一种成形模具。其结构通常由_____、_____、_____、_____、_____及_____等部分组成。其对应的加工设备是_____。

5. 注射(塑)模具由_____和_____两部分组成。_____安装在注射成形机的移动模板上,_____安装在注射成型机的固定模板上。

6. 注射成型的_____及_____制造费用较高,不适合_____及_____的塑料制件的生产。

7. 聚氨酯材料是_____的简称,英文名称是polyurethane,是一种高分子材料。聚氨酯是一种新兴的_____材料,被誉为"_____塑料",因其卓越的性能而被广泛应用于_____领域。

8. 前哈夫模的定模部分由_____拼合而成。前哈夫模并不是_____,两个概念有区别。哈夫是英文"_____"的译音,就是一半的意思,一般指滑块,可以是两块,也可以是多块。哈夫滑块相结合的地方就是_____。

三、名称解释

1. 塑料

2. 塑料模具

3. 聚氨酯

四、简答题

1. 简述前哈夫模的工作原理。

2. 塑料有哪些主要的使用性能？

3. 简述塑料注射（塑）成型的工作原理。

4. 简述塑料模具的类型及应用。

5. 注射成型有何特点？

6. 简述塑料模具拆卸的注意事项。

7. 如何避免塑料模具产生干涉现象？

8. 简述前哈夫模的拆卸步骤。

学习活动 6.2　认知前哈夫模的结构

 活动描述

本学习活动是要认知前哈夫模的结构。通过本学习活动的学习，能够熟悉理解前哈夫模的结构组成和各零部件的名称和作用。

 知识链接

6.2.1　认知前哈夫模定模结构

前哈夫模定模如图 6-12 所示，定模零件如图 6-13 所示。

图 6-12　前哈夫模定模　　　　　图 6-13　前哈夫模定模零件

前哈夫模定模各零部件及名称如图 6-14 所示。

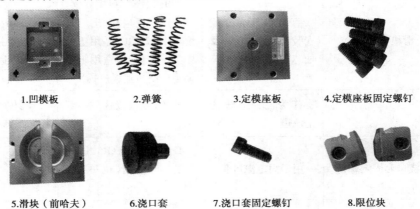

　　1.凹模板　　　　　2.弹簧　　　　　3.定模座板　　　4.定模座板固定螺钉

　　5.滑块（前哈夫）　6.浇口套　　　7.浇口套固定螺钉　　8.限位块

9.限位块固定螺钉

图 6-14　前哈夫模定模零部件及名称

前哈夫模定模零部件明细见表 6-4。

表 6-4　前哈夫模定模零部件明细表

编 号	零部件名称 （定模部分）	用　途	材　料	说　明
1	凹模板	放置与固定凹模	45#钢（称为 C45，国内常称 45 号钢，也称"油钢"）	
2	弹簧	控制滑块在完成抽芯后，停留在抽芯距位置，准备合模	65Mn（弹簧钢，锰提高淬透性，ϕ12 mm 的钢材油中可以淬透，表面脱碳倾向比硅钢小）	抽芯完成后，弹簧还必须是压缩状态

续表

编 号	零部件名称（定模部分）	用 途	材 料	说 明
3	定模座板	把定模部分固定与注塑机上	S50C（是高级优质中碳钢）	侧面开设码模槽
4	定模座板固定螺钉	用于固定定模座板	45#钢（称为 C45，国内常称 45 号钢，也称"油钢"）	
5	滑块（前哈夫）	直接参与成型或安装成型零件以及抽芯导向	P20（预硬塑料模具钢。在中国广泛应用，出厂硬度 30～42HRC，适用于大中型精密模具，适用于长期生产高质塑料模具）	通常情况下，滑块座是单独与压板一块，行程运动导轨
6	浇口套	作为浇注系统的主流道	S50C（是高级优质中碳钢）	设计时要便于更换和维修
7	浇口套固定螺钉	用于固定浇口套	45#钢（称为 C45，国内常称 45 号钢，也称"油钢"）	
8	限位块	限制模具运动行程	45#钢（称为 C45，国内常称 45 号钢，也称"油钢"）	
9	限位块固定螺钉	用于固定限位块	45#钢（称为 C45，国内常称 45 号钢，也称"油钢"）	

6.2.2 认知前哈夫模动模结构

前哈夫模动模如图 6-15 所示，动模零件如图 6-16 所示。

图 6-15　前哈夫模动模

图 6-16　前哈夫模动模零件

前哈夫模动模各零部件及名称如图 6-17 所示。

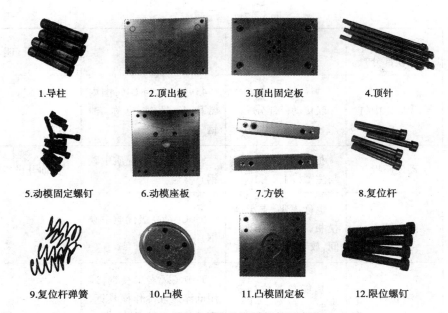

图 6-17　前哈夫模动模零部件及名称

前哈夫模动模各零部件明细见表 6-5。

表 6-5　前哈夫模动模零部件明细表

编号	零部件名称 （动模部分）	用　途	材　料	说　明
1	导柱	对动模部分进行导向	GCr15钢（是一种合金含量较少、具有良好性能、应用最广泛的高碳铬轴承钢）	
2	顶出板	与顶出固定板共同作用，用于固定顶杆等零件	S50C（是高级优质中碳钢）	注塑和顶出时，顶出板会分别受注塑压力和顶出力，因此不能忽略板的变形
3	顶出固定板	与顶出板共同作用，用于固定顶杆等零件	S50C（是高级优质中碳钢）	注塑和顶出时，顶出板会分别受注塑压力和顶出力，因此不能忽略板的变形
4	顶针	用于顶出产品	SKD61（是一种日本牌号的热作模具钢，属于一种高碳高铬合金工具钢对应我国的牌号是4Cr5MoSiV1）	一般使用顶针顶出，在产品上会存在顶出痕迹

续表

编号	零部件名称 (动模部分)	用 途	材 料	说 明
5	动模固定螺钉	联接动模部分	45#钢(称为 C45,国内常称 45 号钢,也称"油钢")	
6	动模座板	把动模部分固定与注塑机上	S50C(是高级优质中碳钢)	侧面开设码模槽
7	方铁	也称模脚,支承动模板,产生一个空间,放置顶出系统	S50C(是高级优质中碳钢)	
8	复位杆	功能与复位弹簧类似	T10A(碳素工具钢,通用低淬透性冷作模具钢,高级高碳工具钢)	
9	复位杆弹簧	使顶出系统先复位	65Mn(弹簧钢,锰提高淬透性,ϕ12 mm 的钢材油中可以淬透,表面脱碳倾向比硅钢小)	其压缩长度不能超过其最大压缩量,一般要求是自由长度的 40%
10	凸模	注塑成型生成产品形状	2738 模具钢	
11	凸模固定板	用于藏凸模	灰铸铁 HT300(最低抗拉强度为 300 MPa 的灰铸铁,其强度高,耐磨性好,但白口倾向大,铸造性能差,需进行人工时效处理)	一般都采用组合式,方便更换
12	限位螺钉	控制模具的运动距离	45#钢(称为 C45,国内常称 45 号钢,也称"油钢")	

 模具知识小词典

注塑产品常用材料——PVC 聚氯乙烯

聚氯乙烯英文简称 PVC(Polyvinyl chloride),是氯乙烯单体(vinyl chloride monomer,VCM)在过氧化物、偶氮化合物等引发剂,或在光、热作用下按自由基聚合反应机理聚合而成的聚合物。氯乙烯均聚物和氯乙烯共聚物统称为氯乙烯树脂。

　　PVC 为无定形结构的白色粉末,支化度较小,相对密度 1.4 左右,玻璃化温度 77～90 ℃,170 ℃左右开始分解,对光和热的稳定性差,在 100 ℃以上或经长时间阳光曝晒,就会分解而产生氯化氢,并进一步自动催化分解,引起变色,物理机械性能也迅速下降,在实际应用中必须加入稳定剂以提高对热和光的稳定性。

(1)主要用途

1)聚氯乙烯异型材

图 6-18　PVC 聚氯乙烯

　　型材、异型材是我国 PVC 消费量最大的领域,约占 PVC 总消费量的 25%,主要用于制作门窗和节能材料,其应用量在全国范围内仍有较大幅度增长。在发达国家,塑料门窗的市场占有率也是高居首位,如德国为 50%,法国为 56%,美国为 45%。

2)聚氯乙烯管材

　　在众多的聚氯乙烯制品中,聚氯乙烯管道是其第二大消费领域,约占其消费量的 20%。在我国,聚氯乙烯管较 PE 管和 PP 管开发早,品种多,性能优良,使用范围广,在市场上占有重要位置。

3)聚氯乙烯膜

　　PVC 膜领域对 PVC 的消费位居第三,约占 10%。PVC 与添加剂混合、塑化后,利用三辊或四辊压延机制成规定厚度的透明或着色薄膜,用这种方法加工薄膜,成为压延薄膜。也可以通过剪裁,热合加工包装袋、雨衣、桌布、窗帘、充气玩具等。宽幅的透明薄膜可以供温室、塑料大棚及地膜之用。经双向拉伸的薄膜,所受热收缩的特性,可用于收缩包装。

4)PVC 硬材和板材

　　PVC 中加入稳定剂、润滑剂和填料,经混炼后,用挤出机可挤出各种口径的硬管、异型管、波纹管,用作下水管、饮水管、电线套管或楼梯扶手。将压延好的薄片重叠热压,可制成各种厚度的硬质板材。板材可以切割成所需的形状,然后利用 PVC 焊条用热空气焊接成各种耐化学腐蚀的贮槽、风道及容器等。

5)PVC 一般软质品

　　利用挤出机可以挤成软管、电缆、电线等;利用注射成型机配合各种模具,可制成塑料凉鞋、鞋底、拖鞋、玩具、汽车配件等。

6)聚氯乙烯包装材料

　　聚氯乙烯制品用于包装主要为各种容器、薄膜及硬片。PVC 容器主要生产矿泉水、饮料、化妆品瓶,也有用于精制油的包装。PVC 膜可用于与其他聚合物一起共挤出生产成本低的层压制品,以及具有良好阻隔性的透明制品。聚氯乙烯膜也可用于拉伸或热收缩包装,用于包装床垫、布匹、玩具和工业商品。

7)聚氯乙烯护墙板和地板

　　聚氯乙烯护墙板主要用于取代铝制护墙板。聚氯乙烯地板砖中除一部分聚氯乙烯树脂外,其余组分是回收料、黏合剂、填料及其他组分,主要应用在机场候机楼地面和其他场所的坚硬地面。

8）聚氯乙烯日用消费品

行李包是聚氯乙烯加工制作而成的传统产品,聚氯乙烯被用来制作各种仿皮革,用于行李包,运动制品,如篮球、足球和橄榄球等。还可用于制作制服和专用保护设备的皮带。服装用聚氯乙烯织物一般是吸附性织物(不需涂布),如雨披、婴儿裤、仿皮夹克和各种雨靴。聚氯乙烯用于许多体育娱乐品,如玩具、唱片和体育运动用品,聚氯乙烯玩具和体育用品增长幅度大,由于其生产成本低、易于成型而占有优势。

（2）新型材料研究

当前我国改性塑料年总需求约为 500 万 t,约占全部塑料总消费的 10%,其比例远远低于世界的平均水平。我国人均塑料消费量与世界发达国家相比还存在很大的差距。要想实现我国改性塑料行业的快稳发展,创新技术是未来发展的关键点。

1）PVC 以塑代钢材料

通过对 PVC 改性技术的研究,用国外先进的内增塑工艺和添加剂配方,从而保证了 PVC 塑钢的机械、电气性能,提高了阻燃性能,使该产品具有强度高、耐腐蚀、难燃、绝缘性能良好及质轻、施工方便等优点,在电气配线系统中完全可以取代钢管。

2）PVC 以塑代木材料

PVC 木塑复合材料是以废弃木纤维及塑料主要原料,辅以适当的加工助剂,经热压制备工艺制备而成一种新型复合材料。其产品充分体现了可再生资源与石油产品的循环利用理念,对于缓解当前木材与石油资源紧缺、环境污染严重等问题,具有十分重要的意义。以 PVC 为主要原料的家居建材产品已成为我国塑料行业的第二大支柱,年均增速超过 15%。未来 10 年,全国预计新增房屋建筑面积 300 亿 m²,如果这些建筑在现有基础上实现 50% 的节能,那么,市场对节能建材的需求可达数万亿元,这为室内节能装饰材料的发展提供了巨大空间。长期以来,建材行业一直以高耗能、高污染的形象出现。为了适应低碳经济的要求,家居建材企业经过多年研发,研制出一批以塑代木的 PVC 高仿真建材,成为低碳和实用完美结合的家居产品。业内专家指出,以塑代木的 PVC 建材,其不仅节约成本,而且可回收循环再造,符合环境可持续发展和循环经济的大趋势。

 学习巩固

一、看图填写题

正确填写前哈夫模各零件的名称和作用。

（一）前哈夫模定模零部件名称和作用（见图6-19）

1.（   ）
作用:_____
_____

2.（   ）
作用:_____
_____

3.（   ）
作用:_____
_____

4.（   ）
作用:_____
_____

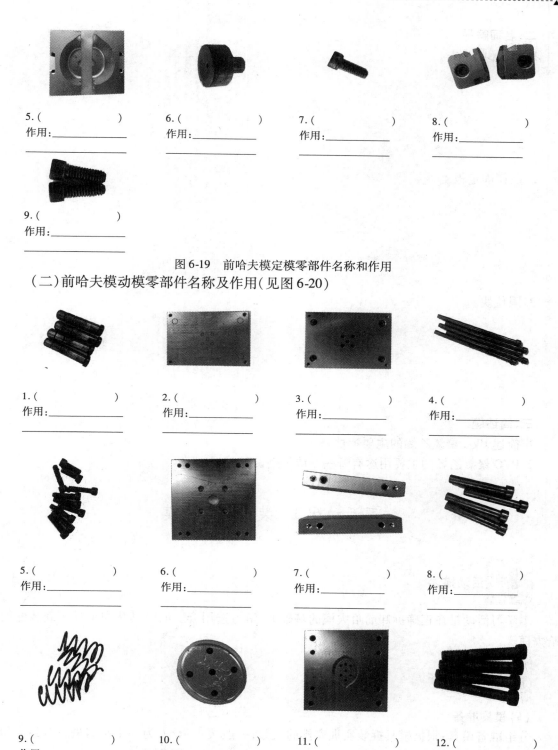

5. (　　　　　　)
作用:＿＿＿＿＿＿＿
＿＿＿＿＿＿＿＿＿

6. (　　　　　　)
作用:＿＿＿＿＿＿＿
＿＿＿＿＿＿＿＿＿

7. (　　　　　　)
作用:＿＿＿＿＿＿＿
＿＿＿＿＿＿＿＿＿

8. (　　　　　　)
作用:＿＿＿＿＿＿＿
＿＿＿＿＿＿＿＿＿

9. (　　　　　　)
作用:＿＿＿＿＿＿＿
＿＿＿＿＿＿＿＿＿

图 6-19　前哈夫模定模零部件名称和作用

（二）前哈夫模动模零部件名称及作用（见图 6-20）

1. (　　　　　　)
作用:＿＿＿＿＿＿＿
＿＿＿＿＿＿＿＿＿

2. (　　　　　　)
作用:＿＿＿＿＿＿＿
＿＿＿＿＿＿＿＿＿

3. (　　　　　　)
作用:＿＿＿＿＿＿＿
＿＿＿＿＿＿＿＿＿

4. (　　　　　　)
作用:＿＿＿＿＿＿＿
＿＿＿＿＿＿＿＿＿

5. (　　　　　　)
作用:＿＿＿＿＿＿＿
＿＿＿＿＿＿＿＿＿

6. (　　　　　　)
作用:＿＿＿＿＿＿＿
＿＿＿＿＿＿＿＿＿

7. (　　　　　　)
作用:＿＿＿＿＿＿＿
＿＿＿＿＿＿＿＿＿

8. (　　　　　　)
作用:＿＿＿＿＿＿＿
＿＿＿＿＿＿＿＿＿

9. (　　　　　　)
作用:＿＿＿＿＿＿＿
＿＿＿＿＿＿＿＿＿

10. (　　　　　　)
作用:＿＿＿＿＿＿＿
＿＿＿＿＿＿＿＿＿

11. (　　　　　　)
作用:＿＿＿＿＿＿＿
＿＿＿＿＿＿＿＿＿

12. (　　　　　　)
作用:＿＿＿＿＿＿＿
＿＿＿＿＿＿＿＿＿

图 6-20　前哈夫模动模零部件名称及作用

二、名词解释

1. 滑块（前哈夫）

2. 凸模固定板

3. 限位块

三、简述题

1. 简述 PVC 聚氯乙烯的主要特性。

2. PVC 聚氯乙烯的主要用途有哪些？请举例说明。

学习活动 6.3　装配前哈夫模

 活动描述

本学习活动是在正确拆卸前哈夫模的基础上，学习选用合适的模具装配工具正确装配前哈夫模。

 **活动准备**

（1）模具准备

分组准备模具：根据模具拆装实训安排的人数，一般按 4～6 人为一个小组进行分组。每组准备一套前哈夫模，如图 6-1 所示。

（2）工具用品准备

须准备的模具装配用工具和防护用品如图 6-21 所示。

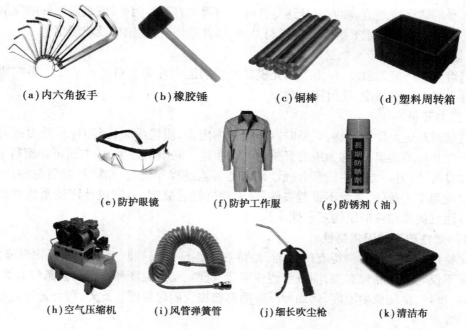

(a)内六角扳手　　(b)橡胶锤　　(c)铜棒　　(d)塑料周转箱

(e)防护眼镜　　(f)防护工作服　　(g)防锈剂（油）

(h)空气压缩机　　(i)风管弹簧管　　(j)细长吹尘枪　　(k)清洁布

图6-21　模具装配用工具和防护用品

（3）分组活动准备

1）分组安排

根据学习人数分组，以4～6人一组为最佳，每组选出一名组长，同组人员分工负责拆装、测量、观察、记录、装配与总结等活动任务。

2）工具领用管理

以小组为单位，组长负责领用并清点拆装与测量所用的工量具、防护用品等，熟悉工量具的正确使用方法与使用要求。实训结束时，按清单清点工量具，待指导教师验收无误才能下课。

3）学习遵守安全操作规程

模具拆装实训是模具专业重要的实训环节。实训前，要求学生认真学习模具拆装安全操作规程。实训时，认真管理学生，严格执行安全操作规程，树立安全理念、强化安全意识。

知识链接

POINT PLUS

6.3.1　注塑模专业术语

在拆装与调试塑料模具时，经常会用到塑料模具的专业术语。

（1）塑料

塑料是以高分子合成树脂为基本原料，加入一定量的添加剂而组成，在一定的温度压力下可塑制成具有一定结构形状，能在常温下保持其形状不变的材料。

（2）塑料的收缩性

塑料自模具中取出冷却到室温后，发生尺寸收缩的特性称为收缩性。由于这种收缩不仅是树脂本身的热胀冷缩造成的,而且还与各种成型因素有关。因此,成型后塑件的收缩称为成型收缩。影响收缩率的主要因素包括塑料品种、塑件结构、模具结构及成型工艺。

(3)塑料的流动性

塑料熔体在一定的温度、压力下填充模具型腔的能力称为塑料的流动性。影响塑料流动性的因素主要有物料温度、注射压力和模具结构。

(4)应力开裂

有些塑料对应力比较敏感,成型时容易产生内应力,质脆易裂,当塑件在外力或溶剂作用下容易产生开裂的现象,被称为应力开裂。为防止这一缺陷的产生,一方面可在塑料中加入增强材料加以改性,另一方面应注意合理设计成型工艺过程和模具,如物料成型前的预热干燥,正确规定成型工艺条件,尽量不设置嵌件,对塑件进行后处理,合理设计浇注系统和推出装置等。还应注意提高塑件的结构工艺性。

(5)热固性塑料的固化特性

固化特性是热固性塑料特有的性能,是指热固性塑料成型时完成交联固化反应的特性。固化速度不仅与塑料品种有关,而且与塑件形状、壁厚、模具温度和成型工艺条件有关,采用预压的锭料、预热、提高成型温度,增加加压时间都能加快固化速度。此外,固化速度还应适应成型方法的要求。

6.3.2 塑料模具装配注意事项

塑料模具装配注意事项与冲压模具装配注意事项相同。

(1)按顺序装配模具

按拟订的顺序将全部模具零件装回原来位置。注意正反方向,防止漏装,其他注意事项与拆卸模具相同。遇到零件受损不能进行装配时,应在师傅或老师指导下,使用工具修复受损零件后再装配。

(2)装配后检查

观察装配后模具是否与拆卸前一致,检查是否有错装和漏装等现象。

(3)绘制模具总装草图

绘制模具草图时在图上记录有关尺寸。

6.3.3 前哈夫模装配流程

前哈夫模装配流程如图 6-22 所示。

 活动实施

(1)教师示范演示

通过教师示范演示,指导学生理解前哈夫模的装配过程。

1)前哈夫模定模的装配过程

前哈夫模定模如图 6-23 所示,零件如图 6-24 所示。

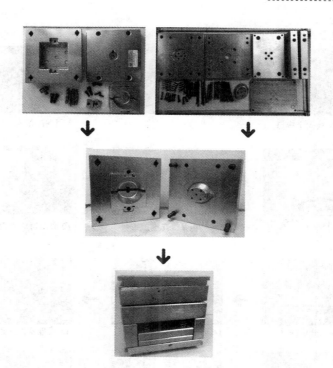

图 6-22　前哈夫模装配流程图

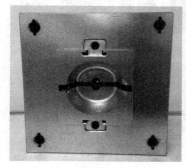

图 6-23　前哈夫模定模

图 6-24　前哈夫模定模零件

定模装配顺序如图 6-25 所示。

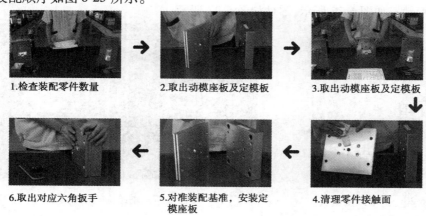

1.检查装配零件数量　2.取出动模座板及定模板　3.取出动模座板及定模板

6.取出对应六角扳手　5.对准装配基准，安装定模座板　4.清理零件接触面

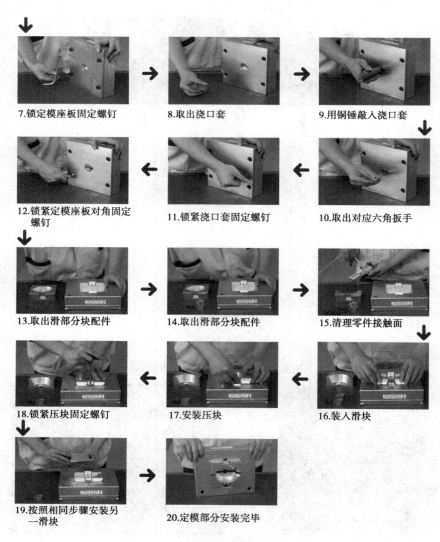

7.锁定模座板固定螺钉　　8.取出浇口套　　9.用铜锤敲入浇口套

12.锁紧定模座板对角固定　　11.锁紧浇口套固定螺钉　　10.取出对应六角扳手
螺钉

13.取出滑部分块配件　　14.取出滑部分块配件　　15.清理零件接触面

18.锁紧压块固定螺钉　　17.安装压块　　16.装入滑块

19.按照相同步骤安装另　　20.定模部分安装完毕
一滑块

图 6-25　定模装配顺序

2）前哈夫模动模的装配与合模过程

前哈夫模动模如图 6-26 所示，零件如图 6-27 所示。

图 6-26　前哈夫模动模

图 6-27　前哈夫模动模零件

动模装配顺序如图 6-28 所示。

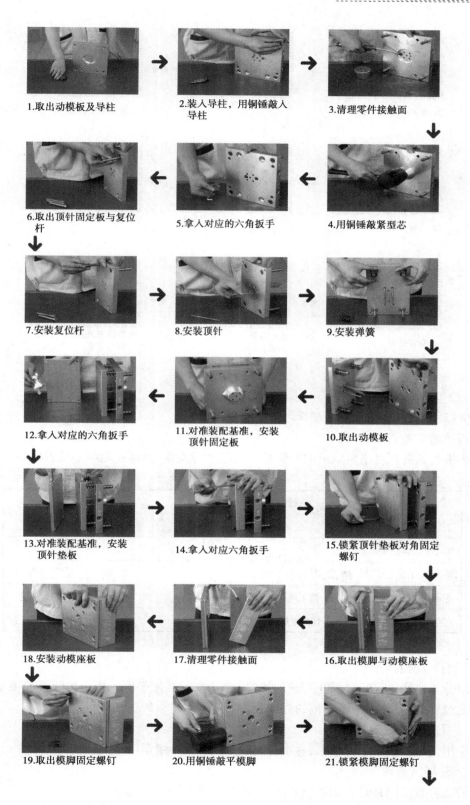

1.取出动模板及导柱

2.装入导柱，用铜锤敲入导柱

3.清理零件接触面

4.用铜锤敲紧型芯

5.拿入对应的六角扳手

6.取出顶针固定板与复位杆

7.安装复位杆

8.安装顶针

9.安装弹簧

10.取出动模板

11.对准装配基准，安装顶针固定板

12.拿入对应的六角扳手

13.对准装配基准，安装顶针垫板

14.拿入对应六角扳手

15.锁紧顶针垫板对角固定螺钉

16.取出模脚与动模座板

17.清理零件接触面

18.安装动模座板

19.取出模脚固定螺钉

20.用铜锤敲平模脚

21.锁紧模脚固定螺钉

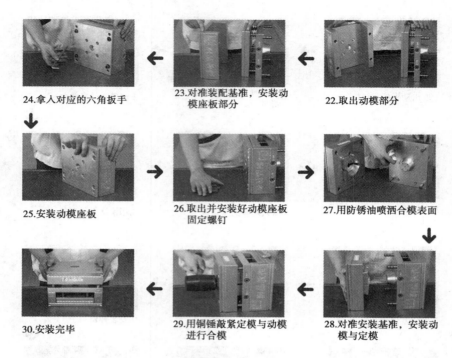

24.拿入对应的六角扳手　　23.对准装配基准，安装动　　22.取出动模部分
　　　　　　　　　　　　　　　模座板部分

25.安装动模座板　　　　　26.取出并安装好动模座板　　27.用防锈油喷洒合模表面
　　　　　　　　　　　　　　　固定螺钉

30.安装完毕　　　　　　　29.用铜锤敲紧定模与动模　　28.对准安装基准，安装动
　　　　　　　　　　　　　　　进行合模　　　　　　　　　模与定模

图6-28　动模装配顺序

（2）学生分组实操学习

学生以小组为单位，分组实操学习装配前哈夫模。

1）规范着装检查

各小组组长首先对小组成员的着装是否规范进行检查，并将检测结果填入表6-6中。

表6-6　规范着装检查表

检查项目	记　　录
工作服穿好了吗	是□　否□
身上的饰物摘掉了吗	是□　否□
穿的鞋子是否防滑、防扎、防砸	是□　否□
正确戴好工作帽和防护眼镜了吗	是□　否□
女生把长发盘起并塞入工作帽内了吗	是□　否□

2）正确装配模具

小组分工协作，正确装配前哈夫模，并按表6-7填写装配步骤。指导教师要巡视学生拆卸模具的全过程，发现装配中不规范的姿势及方法要及时予以纠正。

3）学习成果展示

以小组为单位展示学习成果，每小组须选派代表把小组学习情况现场向师生介绍展示。

4）"6S"场室清理

①清点拆装的模具是否归类整齐摆放，检查有无遗漏模具零件。

②拆装用工具须擦拭干净放回工具箱（盒）。

③做好场室清洁卫生工作。

表6-7 前哈夫模的装配步骤

工 序	工 步	操作步骤内容	选用工具

5）学习评价

按注塑模具拆装成绩评定表6-3完成对学生学习情况的评价。

各小组须对小组成员的学习情况给出小组评价成绩;各小组须根据小组介绍展示的学习情况,给出小组互评成绩;教师须根据学生现场学习表现和小组学习成果展示,给出教师评价成绩。

 模具知识小词典

注塑产品常用材料——PS 聚苯乙烯

聚苯乙烯(Polystyrene,PS)是指由苯乙烯单体经自由基加聚反应合成的聚合物(见图6-29)。它是一种无色透明的热塑性塑料,具有高于100 ℃的玻璃转化温度,因此,经常被用来制作各种需要承受开水的温度的一次性容器,以及一次性泡沫饭盒等。

图6-29 PS聚苯乙烯

(1)性能特点

PS一般为头尾结构,主链为饱和碳链,侧基为共轭苯环,使分子结构不规整,增大了分子的刚性,使PS成为非结晶性的线型聚合物。由于苯环存在,PS具有较高的T_g(80~105 ℃),所以在室温下是透明而坚硬的,由于分子链的刚性,易引起应力开裂。

聚苯乙烯无色透明,能自由着色,相对密度也仅次于 PP,PE,具有优异的电性能,特别是高频特性好,次于 F-4,PPO。另外,在光稳定性方面仅次于甲基丙烯酸树脂,但抗放射线能力是所有塑料中最强的。聚苯乙烯最重要的特点是熔融时的热稳定性和流动性非常好,所以易成型加工,特别是注射成型容易,适合大量生产。成型收缩率小,成型品尺寸稳定性也好。

（2）主要用途

聚苯乙烯易加工成型,并具有透明、廉价、刚性、绝缘、印刷性好等优点。它可广泛用于轻工市场,日用装潢,照明指示和包装等方面。在电气方面更是良好的绝缘材料和隔热保温材料,可制作各种仪表外壳、灯罩、光学化学仪器零件、透明薄膜、电容器介质层等。可用于粉类和乳液类化妆品。用于粉饼有很好的压缩性,可改善粉的黏附性能。赋予皮肤光泽和润滑感,是代替滑石粉和二氧化硅的高级填充剂。

 学习巩固

一、问答题

你在装配模具的过程中是否每个安全事项和步骤都做好了？请列出没有做好的地方和原因。

_____

_____

_____

_____

_____

_____

_____

二、填空题

1. 聚苯乙烯是指由_____经自由基加聚反应合成的聚合物,它是一种无色透明的热塑性塑料,具有高于_____的玻璃转化温度,因此经常被用来制作各种需要承受开水的温度的一次性_____,以及一次性_____等。

2. 固化特性是_____塑料特有的性能,是指热固性塑料_____时完成交联反应的过程。

3. 为防止这一缺陷的产生,一方面可在塑料中加入增强材料加以改性,另一方面应注意合理设计成型工艺过程和模具,如物料成型前的预热干燥,正确规定成型工艺条件,尽量不设置嵌件,对塑件进行后处理,_____和_____等。还应注意提高塑件的结构工艺性。

4. 固化速度不仅与_____有关,而且与_____、壁厚、_____和成型工艺条件有关,采用预压的锭料、预热、提高_____温度,增加加压时间都能加快固化速度。此外,_____还应适应成型方法的要求。

5. 塑料对应力比较敏感,成型时容易产生_____,质脆_____。当塑件在外力或溶剂作用下容易_____的现象,被称为应力开裂。

三、名称解释

1. 塑料的收缩性

2. 塑料的流动性

3. 应力开裂

4. 固化特性

四、简述题

1. 简述塑料模具装配注意事项。
2. 简述前哈夫模的装配步骤。
3. 简述 PS 聚苯乙烯的主要特性。
4. 简述 PS 聚苯乙烯的主要用途。

学习任务 **7**

拆装链条成型模

学习目标

知识点：

- 模具拆装工具和用品的名称、功能和使用方法。
- 链条成型模的结构组成与零部件作用。
- 链条成型模的工作原理。

技能点：

- 会正确选择和使用模具拆装工具和用品。
- 能正确识别链条成型模的结构，说出各零部件作用。
- 会正确拆卸链条成型模。
- 会正确装配链条成型模。
- 自觉遵守安全文明生产规程，养成安全文明生产习惯。
- 养成踏实严谨、精益求精、爱岗敬业、积极进取、总结反思、团队合作的职业素养。

建议学时

16 课时。

学习活动 7.1 拆卸链条成型模

活动描述

本学习活动是拆卸如图 7-1 所示的链条成型模。通过本学习活动的学习，理解链条成型模的结构组成和工作原理，掌握拆装工具的正确使用和正确拆卸该类模具的工艺方法。

图 7-1　链条成型模实物

活动分析

　　成型模具也称型模,是依据实物的形状和结构按比例制成的模具,是用压制或浇灌的方法使材料成为一定形状的工具。链条成型模的爆炸图如图 7-2 所示。通过本学习活动完成链条成型模的拆卸,掌握模具拆装工具的使用,理解两圆相扣成型模的工作原理、整体结构和配合方式,掌握正确的模具拆卸工艺方法。

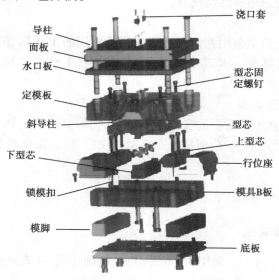

图 7-2　链条成型模爆炸图

 **活动准备**

(1) 模具准备

分组准备模具:根据模具拆装实训安排的人数,一般按4~6人为一个小组进行分组。每组准备一套链条成型模,如图7-1所示。

(2) 工具用品准备

须准备的模具拆装用工具和防护用品如图7-3所示。

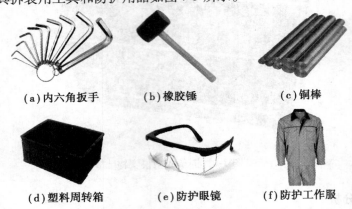

(a)内六角扳手　　　(b)橡胶锤　　　(c)铜棒

(d)塑料周转箱　　(e)防护眼镜　　(f)防护工作服

图7-3　模具拆装用工具和防护用品

(3) 分组活动准备

1) 分组安排

根据学习人数分组,以4~6人一组为最佳,每组选出一名组长,同组人员分工负责拆装、测量、观察、记录、装配与总结等活动任务。

2) 工具领用管理

以小组为单位,组长负责领用并清点拆装与测量所用的工量具、防护用品等,熟悉工量具的正确使用方法与使用要求。实训结束时,按清单清点工量具,待指导教师验收无误才能下课。

3) 学习遵守安全操作规程

模具拆装实训是模具专业重要的实训环节。实训前,要求学生认真学习模具拆装安全操作规程。实训时,认真管理学生,严格执行安全操作规程,树立安全理念、强化安全意识。

 知识链接

7.1.1　链条成型模简介

链条成型模如图7-1所示。采用45°对开分型,精确定位,并集点浇口与斜导柱等功能,成型多圆相扣之产品,第一次成型四圆相扣。通过简单操作,并可两圆二次相扣,实现链条无限延长,是注塑模具中较典型的结构之一。

7.1.2　链条成型模拆卸流程

链条成型模拆卸流程如图7-4所示。

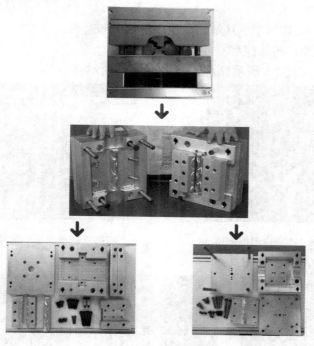

图7-4　链条成型模拆卸流程图

7.1.3　制品在链条成型模中的设计位置

制品在链条成型模中的设计位置应遵循以下基本要求：

①制品或制品组件(含嵌件)应相对于注塑机的轴线对称分布,以便于成型。

②制品的方位应便于脱模,链条成型模注塑模塑时,开模后制品应留在动模部分,这样便于利用成型设备脱模。

③当用模具的互相垂直的活动成型零件成型孔、槽、凸台时,制品的位置应着眼于使成型零件的水平位移最简便,使抽芯操作方便。

④如果制品的安置有两个方案,两者的分型面不相同又互相垂直,那么,应选择其中能使制品在成型设备工作台安装平面上的投影面积为最小的方案。

⑤长度较长的管类制品,如果将它的长轴安置在模具开模方向,而不能开模和取出制品的;或是管接头类制品,要求两个平面开模的,应将制品的长轴安置在与模具开模相垂直的方向。这样布置可显著减小模具厚度,便于开模和取出制品。但此时需采用抽芯距较大的抽芯机构(如杠杆的、液压的、气动的等)。

⑥如果是自动旋出螺纹制品或螺纹型芯的模具,对制品的安置有专门要求,参见螺纹成型内容。

⑦最后制品位置的选定,应结合浇注系统的浇口部位、冷却系统和加热系统的布置,以及制品的外观要求等综合考虑。

活动实施

（1）教师示范演示

通过教师示范演示，指导学生理解链条成型模的拆卸过程。

1）链条成型模定模的拆卸过程

链条成型模定模如图 7-5 所示，定模零件如图 7-6 所示。

图 7-5　链条成型模定模

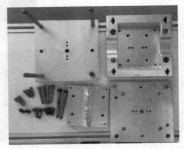

图 7-6　链条成型模定模零件

定模拆卸顺序如图 7-7 所示。

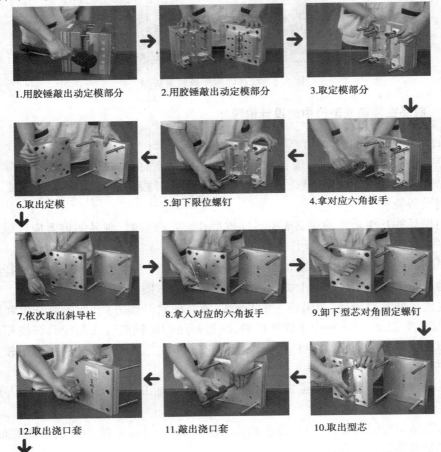

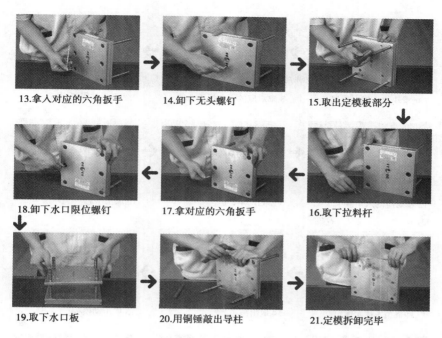

图 7-7　定模拆卸顺序

2)链条成型模动模的拆卸过程

链条成型模动模如图 7-8 所示,动模零件如图 7-9 所示。

图 7-8　链条成型模动模

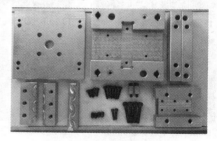

图 7-9　链条成型模动模零件

动模拆卸顺序如图 7-10 所示。

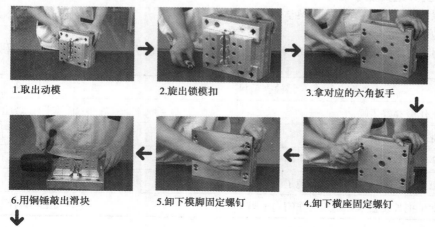

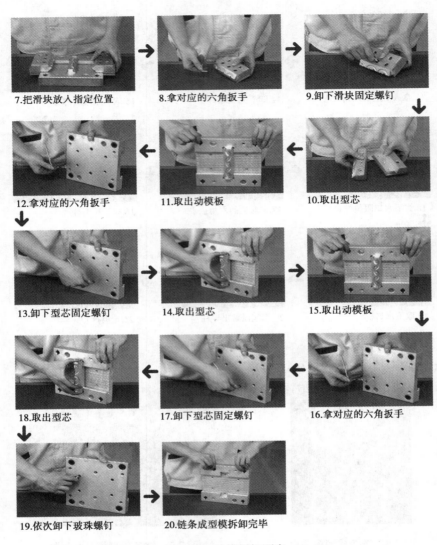

7.把滑块放入指定位置　　8.拿对应的六角扳手　　9.卸下滑块固定螺钉

12.拿对应的六角扳手　　11.取出动模板　　10.取出型芯

13.卸下型芯固定螺钉　　14.取出型芯　　15.取出动模板

18.取出型芯　　17.卸下型芯固定螺钉　　16.拿对应的六角扳手

19.依次卸下玻珠螺钉　　20.链条成型模拆卸完毕

图 7-10　动模拆卸顺序

（2）学生分组实操学习

学生以小组为单位,分组实操学习拆卸链条成型模。

1）规范着装检查

各小组组长首先对小组成员的着装是否规范进行检查,并将检测结果填入表 7-1 中。

表 7-1　规范着装检查表

检查项目	记　录
工作服穿好了吗	是□　否□
身上的饰物摘掉了吗	是□　否□
穿的鞋子是否防滑、防扎、防砸	是□　否□
正确戴好工作帽和防护眼镜了吗	是□　否□
女生把长发盘起并塞入工作帽内了吗	是□　否□

2）正确拆卸模具

　　小组分工协作,正确拆卸链条成型模,并按表7-2填写拆卸步骤。拆卸的模具零件须按上、下模分别归类,整齐摆放。指导教师要巡视学生拆卸模具的全过程,发现拆卸中不规范的姿势及方法要及时予以纠正。

表7-2　链条成型模的拆卸步骤

工　序	工　步	操作步骤内容	选用工具

3）学习成果展示

　　以小组为单位展示学习成果,每小组须选派代表把小组学习情况现场向师生介绍展示。

4）"6S"场室清理

①清点拆卸的模具零件是否按上、下模分别归类,整齐摆放。

②拆卸用工具须擦拭干净放回工具箱(盒)。

③做好场室清洁卫生工作。

5）学习评价

　　按注塑模具拆装成绩评定表7-3对学生学习情况进行评价。

　　各小组须对小组成员的学习情况给出小组评价成绩;各小组须根据小组介绍展示的学习情况,给出小组互评成绩;教师须根据学生现场学习表现和小组学习成果展示,给出教师评价成绩。

表7-3　注塑模具拆装学习评价表

班级		小　组			姓　名			
序号	评价内容	分　值		评价标准	评定成绩			
					小组评价 20%	小组互评 20%	教师评价 60%	合　计
1	认识模具结构	5		每错一项扣1分				
2	模具拆装准备	5		总体情况评分				
3	动模正确拆卸	12		每错一项扣2分				

续表

序号	评价内容	分 值	评价标准	评定成绩			合 计
				小组评价 20%	小组互评 20%	教师评价 60%	
4	定模正确拆卸	12	每错一项扣2分				
5	动模正确装配	12	每错一项扣2分				
6	定模正确装配	12	每错一项扣2分				
7	正确合模	12	总体情况评分				
8	工具用品正确选用和操作	10	总体情况评分				
9	"6S"场室清理	10	总体情况评分				
10	安全文明生产	10	总体情况评分				
总评成绩							

学习记录：

模具知识小词典

注塑产品常用材料——PMMA 有机玻璃

图 7-11　PMMA 有机玻璃

有机玻璃（Polymethyl-methacrylate）是一种通俗的名称，缩写为 PMMA（见图 7-11）。此高分子透明材料的化学名称为聚甲基丙烯酸甲酯，是由甲基丙烯酸甲酯聚合而成的高分子化合物。它是一种开发较早的重要热塑性塑料。有机玻璃分为无色透明、有色透明、珠光、压花有机玻璃 4 种。有机玻璃俗称亚克力、中宣压克力、亚格力。有机玻璃具有较好的透明性、化学稳定性、力学性能和耐候性、易染色、易加工、外观优美等优点。有机玻璃又称明胶玻璃、亚克力等。

有机玻璃应用广泛，不仅在商业、轻工、建筑、化工等方面，而且有机玻璃制作，在广告装潢、沙盘模型上应用十分广泛，如标牌、广告牌、灯箱的面板和中英字母面板。

选材取决于造型设计,什么样的造型,用什么样的有机玻璃、色彩、品种都要反复测试,使之达到最佳效果。有了好的造型设计,还要靠精心的加工制作,才能成为一件优美的工艺品。

(1)应用领域

①建筑应用:橱窗、隔音门窗、采光罩、电话亭等。

②广告应用:灯箱、招牌、指示牌、展架等。

③交通应用:火车、汽车等车辆门窗。

④医学应用:婴儿保育箱、各种手术医疗器具。

⑤民用用品:卫浴设施、工艺品、化妆品、支架、水族箱等。

⑥工业应用:仪器表面板及护盖等。

⑦照明应用:日光灯、吊灯、街灯罩等。

⑧家居应用:果盘、纸巾盒、亚克力艺术画等家居日用产品。

(2)性能特点

1)高度透明性

有机玻璃是目前最优良的高分子透明材料,透光率达到92%,比玻璃的透光度高。被称为人造小太阳的太阳灯的灯管是石英做的,这是因为石英能完全透过紫外线。普通玻璃只能透过0.6%的紫外线,但有机玻璃却能透过73%。

2)机械强度高

有机玻璃的相对分子质量大约为200万,是长链的高分子化合物,而且形成分子的链很柔软,因此,有机玻璃的强度比较高,抗拉伸和抗冲击的能力比普通玻璃高7~18倍。有一种经过加热和拉伸处理过的有机玻璃,其中的分子链段排列得非常有次序,使材料的韧性有显著提高。用钉子钉进这种有机玻璃,即使钉子穿透了,有机玻璃上也不产生裂纹。这种有机玻璃被子弹击穿后同样不会破成碎片。因此,拉伸处理的有机玻璃可用作防弹玻璃,也用作军用飞机上的座舱盖。

3)质量轻

有机玻璃的密度为1.18 g/cm³,同样大小的材料,其质量只有普通玻璃的1/2,金属铝(属于轻金属)的43%。

4)易于加工

有机玻璃不但能用车床进行切削,钻床进行钻孔,而且能用丙酮、氯仿等黏结成各种形状的器具,也能用吹塑、注射、挤出等塑料成型的方法加工成大到飞机座舱盖,小到假牙和牙托等形形色色的制品。

 **学习巩固**

一、填空题

1.成型模具也称_____,是依据实物的形状和结构按比例制成的模具,是用_____或_____的方法使材料成为一定形状的工具。

2.制品的方位应_____,链条成型模注塑模塑时,开模后制品应留在动模部分,这样便于利用_____脱模。

3.如果是自动旋出_____或_____的模具,对制品的安置有_____,参见螺纹成型内容。

4. 制品或_____（含嵌件）应相对于注塑机的轴线对称分布，以便于_____。

5. 如果制品的安置有两个方案，两者的分型面不相同又_____，那么，应选择其中能使制品在_____安装平面上的投影面积为最小的方案。

6. 最后制品位置的选定，应结合浇注系统的_____、冷却系统和加热系统的布置，以及_____外观要求等综合考虑。

二、填写题

正确填写制品在链条成型模中的设计位置应遵循的基本要求。

_____

_____

_____

_____

_____

三、问答题

你在拆卸模具的过程中是否每个安全事项和步骤都做好了？请列出没有做好的地方和原因。

_____

_____

_____

_____

_____

四、简答题

1. 简述链条成型模的结构特点。

2. 简述链条成型模的拆卸步骤。

学习活动 7.2　认知链条成型模的结构

活动描述

本学习活动是要认知链条成型模的结构。通过本学习活动的学习，能够熟悉理解链条成型模的结构组成和各零部件的名称和作用。

知识链接

7.2.1　认知链条成型模定模结构

链条成型模定模如图 7-12 所示，定模零件如图 7-13 所示。

图 7-12　链条成型模定模

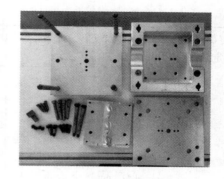

图 7-13　链条成型模定模零件

链条成型模定模各零部件及名称如图 7-14 所示。

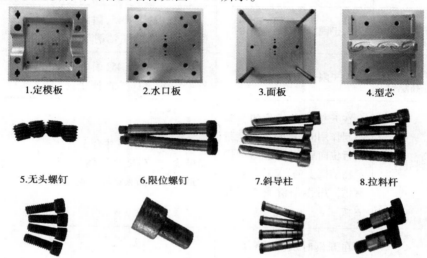

1.定模板	2.水口板	3.面板	4.型芯
5.无头螺钉	6.限位螺钉	7.斜导柱	8.拉料杆
9.型芯固定螺钉	10.浇口套	11.导柱	12.水口板限位螺钉

图 7-14　链条成型模定模各零部件及名称

链条成型模定模各零部件明细见表 7-4。

表 7-4　链条成型模定模零部件明细表

编　号	零部件名称 （定模部分）	用　　途	材　　料	说　明
1	定模板	联接定模座板；为复位杆后退提供一个支承	45#钢（称为 C45，国内常称 45 号钢，也称"油钢"）	
2	水口板	水口板的作用是在第一次开模时把水口料从水嘴里拉出来，然后随着模具的继续退回，由于限位杆拉住水口板，动模上的注塑件与水口板的水口断开，完成整个开模的过程	45#钢（称为 C45，国内常称 45 号钢，也称"油钢"）	三板模是两次开模，模具中有水口板，水口板的结构主要用于点浇口的进料方式

续表

编号	零部件名称（定模部分）	用　途	材　料	说　明
3	面板	与底板共同支承整套模具	45#钢（称为C45，国内常称45号钢，也称"油钢"）	
4	型芯	型芯是产品凸模部分，注塑模具中，型芯就是所注塑空心产品的空心部分填充物	P20（预硬塑料模具钢。在中国广泛应用，出厂硬度30～42 HRC，适用于大中型精密模具，适用于长期生产高质塑料模具）	型芯是凸模，型腔是凹模。当合模后，凹凸配合之间的缝隙，注进塑胶，才能做出塑胶件
5	无头螺钉	用于固定两片板材用的	45#钢（称为C45，国内常称45号钢，也称"油钢"）	
6	限位螺钉（等高螺钉）	用于限位固定	45#钢（称为C45，国内常称45号钢，也称"油钢"）	
7	斜导柱	在开模时若行位的弹簧不起作用时，则斜导处会带动行位向后退出（斜导处固定在前模上的）又称斜边或弯销。用作动滑块作反复运动	GCr15钢（是一种合金含量较少、具有良好性能、应用最广泛的高碳铬轴承钢）	
8	拉料杆	在开模时从浇口套内拉出主流道凝料便于与注塑机喷嘴分离，一般在冷料穴的尽端，拉料杆直径等于浇口内径大端的直径，以便钩住冷料	T10A（碳素工具钢，通用低淬透性冷作模具钢，高级高碳工具钢）	拉料杆常分为浇口拉料杆和分流道拉料杆两种。本套模具属于浇口拉料杆
9	型芯固定螺钉	用于固定型芯的螺钉	45#钢（称为C45，国内常称45号钢，也称"油钢"）	联接型芯
10	浇口套	作为浇注系统的主流道	S50C（是高级优质中碳钢）	便于更换和维修
11	导柱	对动模部分进行导向，在动定模合模时起到导向作用（共4支）	GCr15钢（是一种合金含量较少、具有良好性能、应用最广泛的高碳铬轴承钢）	模具中的"导柱"也称"导向柱"，作用就是导向
12	水口板限位螺钉	用于固定水口板的限位螺钉	45#钢（称为C45，国内常称45号钢，也称"油钢"）	联接水口板

7.2.2 认知链条成型模动模结构

链条成型模动模如图 7-15 所示,动模零件如图 7-16 所示。

图 7-15 链条成型模动模　　　　　　　　图 7-16 链条成型模动模零件

链条成型模动模各零部件及名称如图 7-17 所示。

1.上模芯　　　　　2.底板　　　　　3.模具B板　　　　4.行位座

5.套筒　　　　6.玻珠螺钉　　　7.模脚固定螺钉　　8.锁模扣

9.下型芯　　　　10.模脚　　　11.型芯固定螺钉　12.动模座板固定螺钉

图 7-17 链条成型模动模零部件及名称

链条成型模动模各零部件明细见表 7-5。

表 7-5 链条成型模动模零部件明细表

编　号	零部件名称 (下模部分)	用　途	材　料	说　明
1	上模芯	塑料模具上型芯的功能作用是配合下模芯成型	P20(预硬塑料模具钢。在中国广泛应用,适用大中型精密模具,适用长期生产高质塑料模具)	

续表

编 号	零部件名称 （下模部分）	用 途	材 料	说 明
2	底板	底板一般是用来固定或加强或安装凸模、凹模的一个主要部件	45#钢（称为 C45，国内常称 45 号钢，也称"油钢"）	动模的底板一面联接着动模板，另一面则和注塑机的滑动的床身联接在一起，用来合模、开模
3	模具 B 板	B 板指母模板（后模具板、动模板）	45#钢（称为 C45，国内常称 45 号钢，也称"油钢"）	塑胶模具（模架）一般是分大水口（二板模）和小水口（三板模）。A 板是指公模板，B 板是指母模板，C 板是指模脚
4	行位座	一般在制品侧面有凹凸形状时使用，分矩形（T 形槽）和燕尾形，使滑块带动成型芯平稳而准确侧抽芯，其宽度公差可放宽	45#钢（称为 C45，国内常称 45 号钢，也称"油钢"）	
5	套筒	模具两半合到一起时的导向定位作用，防止装坏	GCr15 钢（是一种合金含量较少、具有良好性能、应用最广泛的高碳铬轴承钢）	
6	玻珠螺钉	玻珠是在行位已有向外运动装置后，而做的限位装置，如做斜导柱等	45#钢（称为 C45，国内常称 45 号钢，也称"油钢"）	行位行程大，安全系数要求大用斜导柱加玻珠
7	卸料板限位螺钉	用于固定卸料板的限位螺钉	45#钢（称为 C45，国内常称 45 号钢，也称"油钢"）	
8	模脚固定螺钉	用于固定模脚的螺钉	45#钢（称为 C45，国内常称 45 号钢，也称"油钢"）	
9	下型芯	塑料模具下型芯的功能作用是配合上模芯成型	P20（预硬塑料模具钢。在中国广泛应用，适用于大中型精密模具，适用于长期生产高质塑料模具）	
10	模脚	支承动模板，产生一个空间，放置顶出系统	S50C（是高级优质中碳钢）	

续表

编　号	零部件名称 （下模部分）	用　途	材　料	说　明
11	型芯固定螺钉	用于固定型芯的螺钉	45#钢（称为 C45，国内常称 45 号钢，也称"油钢"）	
12	动模座板固定螺钉	用于固定动模座板的螺钉	45#钢（称为 C45，国内常称 45 号钢，也称"油钢"）	

 模具知识小词典

注塑产品常用材料——PP 聚丙烯

PP 聚丙烯是由丙烯聚合而制得的一种热塑性树脂。按甲基排列位置可分为等规聚丙烯（isotactic polyprolene）、无规聚丙烯（atactic polypropylene）和间规聚丙烯（syndiotactic polypro-pylene）3 种。

（1）性能特点

无毒、无臭、无味，密度小，强度、刚度、硬度耐热性均优于低压聚乙烯，可在 100 ℃ 左右使用。具有良好的介电性能和高频绝缘性且不受湿度影响，但低温时变脆，不耐磨、易老化。适于制作一般机械零件、耐腐蚀零件和绝缘零件。常见的酸、碱等有机溶剂对它几乎不起作用，可用于食具。

1）优点

①相对密度小，仅为 0.89 ~ 0.91 g/cm^3，是塑料中最轻的品种之一。

②良好的力学性能，除耐冲击性外，其他力学性能均比聚乙烯好，成型加工性能好。

③具有较高的耐热性，连续使用温度可达 110 ~ 120 ℃。

④化学性能好，几乎不吸水，在水中的吸水率仅为 0.01%，与绝大多数化学药品不反应。

⑤质地纯净，无毒性。

⑥电绝缘性好。

⑦聚丙烯制品的透明性比高密度聚乙烯制品的透明性好。

⑧制品表面光泽好。

2）缺点

①制品耐寒性差，低温冲击强度低。

②制品在使用中易受光、热和氧的作用而老化。

③着色性不好。

④易燃烧。

⑤收缩率大（为 1% ~ 2.5%），厚壁制品易凹陷，对一些尺寸精度要求较高零件，很难以达到要求。

⑥韧性不好，静电度高，染色性、印刷性和黏合性差。

（2）应用范围

PP 聚丙烯材料因为良好的性能特点，而被广泛用于制造家电配件和塑料管材。

1）家用电器

我国家用电器产业发展迅速，品种多，产量大，这些都使改性 PP、家用电器 PP 专用料得到广泛应用。例如，我国开发的洗衣机专用料如 PP1947 系列、K7726 系列等，在洗衣机行业应用十分广泛。

2）塑料管材

我国早期的 PP 管材主要用作农用输水管。用共聚聚丙烯 PP-R112 新牌号生产的管材可在 20 ℃ 和 11.2 MPa 的超高压状态下使用 50 年。

 学习巩固

一、看图填空题

正确填写链条成型模各零部件的名称和作用。

（一）链条成型模定模的零件名称和作用（见图 7-18）

1. (　　　　　　　)
作用：_____
_____

2. (　　　　　　　)
作用：_____
_____

3. (　　　　　　　)
作用：_____
_____

4. (　　　　　　　)
作用：_____
_____

5. (　　　　　　　)
作用：_____
_____

6. (　　　　　　　)
作用：_____
_____

7. (　　　　　　　)
作用：_____
_____

8. (　　　　　　　)
作用：_____
_____

9. (　　　　　　　)
作用：_____
_____

10. (　　　　　　　)
作用：_____
_____

11. (　　　　　　　)
作用：_____
_____

12. (　　　　　　　)
作用：_____
_____

图 7-18　链条成型模定模的零件名称和作用

（二）链条成形模动模的零件名称和作用（见图7-19）

1. (　　　　　　　　)
作用：＿＿＿＿＿＿＿＿
＿＿＿＿＿＿＿＿＿＿＿

2. (　　　　　　　　)
作用：＿＿＿＿＿＿＿＿
＿＿＿＿＿＿＿＿＿＿＿

3. (　　　　　　　　)
作用：＿＿＿＿＿＿＿＿
＿＿＿＿＿＿＿＿＿＿＿

4. (　　　　　　　　)
作用：＿＿＿＿＿＿＿＿
＿＿＿＿＿＿＿＿＿＿＿

5. (　　　　　　　　)
作用：＿＿＿＿＿＿＿＿
＿＿＿＿＿＿＿＿＿＿＿

6. (　　　　　　　　)
作用：＿＿＿＿＿＿＿＿
＿＿＿＿＿＿＿＿＿＿＿

7. (　　　　　　　　)
作用：＿＿＿＿＿＿＿＿
＿＿＿＿＿＿＿＿＿＿＿

8. (　　　　　　　　)
作用：＿＿＿＿＿＿＿＿
＿＿＿＿＿＿＿＿＿＿＿

9. (　　　　　　　　)
作用：＿＿＿＿＿＿＿＿
＿＿＿＿＿＿＿＿＿＿＿

10. (　　　　　　　　)
作用：＿＿＿＿＿＿＿＿
＿＿＿＿＿＿＿＿＿＿＿

11. (　　　　　　　　)
作用：＿＿＿＿＿＿＿＿
＿＿＿＿＿＿＿＿＿＿＿

12. (　　　　　　　　)
作用：＿＿＿＿＿＿＿＿
＿＿＿＿＿＿＿＿＿＿＿

图 7-19　链条成型模动模的零件名称和作用

二、简答题

简述 PP 聚丙烯的性能特点。

学习活动 7.3　装配链条成型模

活动描述

本学习活动是在正确拆卸链条成型模的基础上，学习选用合适的模具装配工具正确装配链条成型模。

活动准备

(1) 模具准备

分组准备模具:根据模具拆装实训安排的人数,一般按 4～6 人为一个小组进行分组。每组准备一套链条成型模,如图 7-20 所示。

(2) 工具用品准备

须准备的模具装配用工具和防护用品如图 7-20 所示。

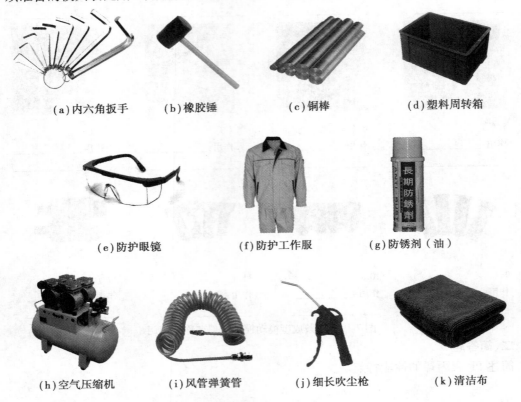

(a) 内六角扳手 (b) 橡胶锤 (c) 铜棒 (d) 塑料周转箱

(e) 防护眼镜 (f) 防护工作服 (g) 防锈剂(油)

(h) 空气压缩机 (i) 风管弹簧管 (j) 细长吹尘枪 (k) 清洁布

图 7-20 模具装配用工具和防护用品

(3) 分组活动准备

1) 分组安排

根据学习人数分组,以 4～6 人一组为最佳,每组选出一名组长,同组人员分工负责拆装、测量、观察、记录、装配与总结等活动任务。

2) 工具领用管理

以小组为单位,组长负责领用并清点拆装与测量所用的工量具、防护用品等,熟悉工量具的正确使用方法与使用要求。实训结束时,按清单清点工量具,待指导教师验收无误才能下课。

3) 学习遵守安全操作规程

模具拆装实训是模具专业重要的实训环节。实训前,要求学生认真学习模具拆装安全操作规程。实训时,认真管理学生,严格执行安全操作规程,树立安全理念、强化安全意识。

知识链接

POINT PLUS

链条成型模装配流程如图 7-21 所示。

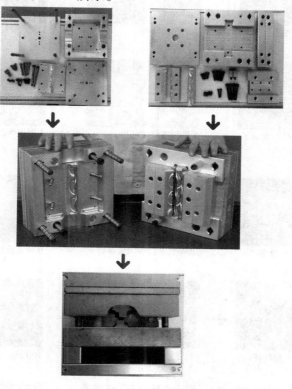

图 7-21　链条成型模装配流程图

活动实施

LOCK

（1）教师示范演示

通过教师示范演示，指导学生理解链条成型模的装配过程。

1）链条成型模定模的装配过程

链条成型模定模如图 7-22 所示，定模零件如图 7-23 所示。

图 7-22　链条成型模定模

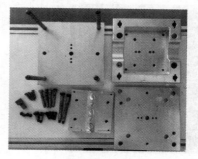

图 7-23　链条成型模定模零件

定模装配顺序如图 7-24 所示。

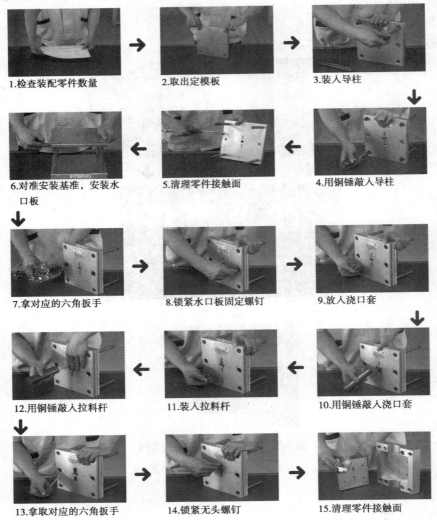

图 7-24　定模装配顺序

2）链条成型模动模的装配与合模过程

链条成型模动模如图 7-25 所示，动模零件如图 7-26 所示。

图 7-25　链条成型模动模

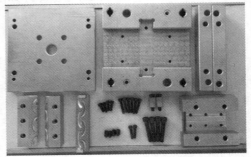

图 7-26　链条成型模动模零件

动模装配顺序如图 7-27 所示。

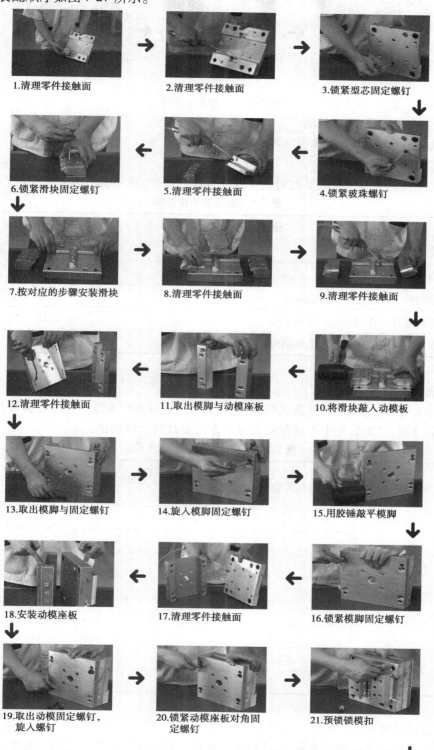

1.清理零件接触面　　2.清理零件接触面　　3.锁紧型芯固定螺钉

6.锁紧滑块固定螺钉　　5.清理零件接触面　　4.锁紧玻珠螺钉

7.按对应的步骤安装滑块　　8.清理零件接触面　　9.清理零件接触面

12.清理零件接触面　　11.取出模脚与动模座板　　10.将滑块敲入动模板

13.取出模脚与固定螺钉　　14.旋入模脚固定螺钉　　15.用胶锤敲平模脚

18.安装动模座板　　17.清理零件接触面　　16.锁紧模脚固定螺钉

19.取出动模固定螺钉，旋入螺钉　　20.锁紧动模座板对角固定螺钉　　21.预锁锁模扣

24.用胶锤敲紧定模与动   23.对准装配基准，安装   22.用防锈油喷洒合模
模进行合模   动模与定模   部分

图 7-27   动模装配顺序

(2)学生分组实操学习-装配

学生以小组为单位,分组实操学习装配链条成型模。

1)规范着装检查

各小组组长首先对小组成员的着装是否规范进行检查,并将检测结果填入表7-6中。

表 7-6   规范着装检查表

检查项目	记录
工作服穿好了吗	是□ 否□
身上的饰物摘掉了吗	是□ 否□
穿的鞋子是否防滑、防扎、防砸	是□ 否□
正确戴好工作帽和防护眼镜了吗	是□ 否□
女生把长发盘起并塞入工作帽内了吗	是□ 否□

2)正确装配模具

小组分工协作,正确装配链条成型模,并按表7-7填写装配步骤。指导教师要巡视学生拆卸模具的全过程,发现装配中不规范的姿势及方法要及时予以纠正。

表 7-7   链条成型模的装配步骤

工 序	工 步	操作步骤内容	选用工具

3)学习成果展示

以小组为单位展示学习成果,每小组须选派代表把小组学习情况现场向师生介绍展示。

4）"6S"场室清理

①清点拆装的模具是否归类整齐摆放,检查有无遗漏模具零件。

②拆装用工具须擦拭干净放回工具箱(盒)。

③做好场室清洁卫生工作。

5）学习评价

按注塑模具拆装成绩评定表7-3完成对学生学习情况的评价。

各小组须对小组成员的学习情况给出小组评价成绩;各小组须根据小组介绍展示的学习情况,给出小组互评成绩;教师须根据学生现场学习表现和小组学习成果展示,给出教师评价成绩。

 模具知识小词典

注塑产品常用材料——ABS塑料

ABS树脂是五大合成树脂之一,英文名为acrylonitrile butadiene styrene copolymer,通常为浅黄色或乳白色的粒料非结晶性树脂。其抗冲击性、耐热性、耐低温性、耐化学药品性及电气性能优良,还具有易加工、制品尺寸稳定、表面光泽性好等特点,容易涂装、着色,还可以进行表面喷镀金属、电镀、焊接、热压及黏结等二次加工,广泛应用于机械、汽车、电子电器、仪器仪表、纺织和建筑等工业领域,是一种用途极广的热塑性工程塑料(见图7-28)。

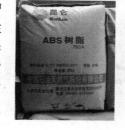

图7-28　ABS树脂

(1)主要特性

ABS树脂是目前产量最大、应用最广泛的聚合物,它将PB,PAN,PS的各种性能有机地统一起来,兼具韧、硬、刚相均衡的优良力学性能。ABS是丙烯腈、丁二烯和苯乙烯的三元共聚物,A代表丙烯腈,B代表丁二烯,S代表苯乙烯。由于具有3种组成,因此赋予了很好的性能:丙烯腈赋予ABS树脂的化学稳定性、耐油性、一定的刚度和硬度;丁二烯使其韧性、冲击性和耐寒性有所提高;苯乙烯使其具有良好的介电性能,并呈现良好的加工性。经过实际使用也发现:ABS塑料管材,不耐硫酸腐蚀,遇硫酸就会粉碎性破裂。

大部分ABS是无毒的,不透水,但略透水蒸气,吸水率低,室温浸水一年吸水率不超过1%而物理性能不起变化。ABS树脂制品表面可以抛光,能得到高度光泽的制品。

ABS具有优良的综合物理和机械性能,极好的低温抗冲击性能。尺寸稳定性、电性能、耐磨性、抗化学药品性、染色性、成品加工和机械加工较好。ABS树脂耐水、无机盐、碱和酸类,不溶于大部分醇类和烃类溶剂,而容易溶于醛、酮、酯和某些氯代烃中。ABS树脂热变形温度低可燃。熔融温度在217~237℃,热分解温度在250℃以上。如今的市场上改性ABS材料,很多都是掺杂了水口料、再生料,导致客户成型产品性能不是很稳定。

(2)主要用途

ABS树脂广泛应用于汽车工业、电器仪表工业和机械工业中,常作齿轮、汽车配件、挡泥板、扶手、冰箱内衬、叶片、轴承、把手、管道、接头、仪表壳、仪表板及安全帽等。在家用电器和家用电子设备的应用前景更广阔,如电视机、收录机、冰箱、冷柜、洗衣机、空调机、吸尘器及各种小家电器材等。日用品有鞋、包、各种旅游箱、办公设备、玩具及各种容器等。低发泡的 ABS 能代替木材,适合作建材、家具和家庭用品。

 学习巩固

一、问答题

你在装配模具的过程中是否每个安全事项和步骤都做好了?请列出没有做好的地方和原因。

_____

_____

_____

_____

二、看图填空题

正确填写如图 7-29 所示模具装配用工具和护用防品的名称。

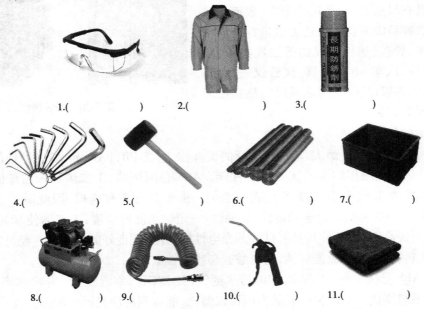

1.(　　　　) 　2.(　　　　) 　3.(　　　　)

4.(　　　　) 　5.(　　　　) 　6.(　　　　) 　7.(　　　　)

8.(　　　　) 　9.(　　　　) 　10.(　　　　) 　11.(　　　　)

图 7-29　模具装配用工具和护用防品

三、简答题

1. 简述链条成型模的装配步骤。

2. 简述 ABS 塑料的主要特性。

3. 简述 ABS 塑料的主要用途。

第 **3** 部分
调试篇

学习任务 **8**
典型冷冲模的安装与调试

学习目标

知识点：
- 冲模分类。
- 冲模的结构组成。
- 冲压设备。
- 典型冷冲模的安装与调试。

技能点：
- 能正确识别冷冲模的类型与典型冷冲模的组成结构。
- 能正确做好冷冲模安装前的准备工作。
- 能正确地安装冷冲模。
- 能正确地操作冲压设备进行试模。

- 会分析冷冲压产品缺陷产生的原因,并正确调试冲压模具。
- 会正确保养冷冲压设备。
- 自觉遵守安全文明生产规程,养成安全文明生产习惯。
- 养成踏实严谨、精益求精、爱岗敬业、积极进取、总结反思、团队合作的职业素养。

建议学时

16 课时。

学习活动 8.1　认知冲模分类、结构组成和冲压设备

活动描述

本学习活动是认知冲模的分类、结构组成和冲压设备。通过本活动的学习,能够认知冲压模具的类型、典型的冲模结构组成和常见的冲压设备及应用。

知识链接

8.1.1　冲模分类

冷冲压加工是在常温下利用冲压设备(压力机)和冲模,使各种不同规格的板料或坯料在压力作用下发生永久变形或分离,制成所需形状零件的加工工艺方法。冲压模具简称冲模,是冷冲压加工的工艺装备。

冲压模具的形式很多,一般可按以下两个主要特征分类:

(1)根据工艺性质分类

1)冲裁模

冲裁模是指沿封闭或敞开的轮廓线使材料产生分离的模具。例如,落料模、冲孔模、切断模、切口模、切边模及剖切模等。

2)弯曲模

弯曲模是指使板料毛坯或其他坯料沿着直线(弯曲线)产生弯曲变形,从而获得一定角度和形状的工件的模具。

3)拉深模

拉深模是指把板料毛坯制成开口空心件或使空心件进一步改变形状和尺寸的模具。

4)成形模

成形模是指将毛坯或半成品工件按凸、凹模的形状直接复制成形,而材料本身仅产生局部塑性变形的模具。例如,胀形模、缩口模、扩口模、起伏成形模、翻边模及整形模等。

(2)根据工序组合程度分类

1)单工序模

单工序模是指在压力机的一次行程中只完成一道冲压工序的模具。

2）复合模

复合模是指只有一个工位，在压力机的一次行程中，在同一工位上同时完成两道或两道以上冲压工序的模具。

3）级进模

级进模（也称连续模）是指在毛坯的送进方向上，具有两个或更多的工位，在压力机的一次行程中，在不同的工位上逐次完成两道或两道以上冲压工序的模具。

8.1.2 冲模结构组成

典型的冲模结构是带导柱导套的单工序冲模，由上、下模两部分构成，如图 8-1 所示。上模由模柄、上模座、导套、凸模、垫板、固定板、卸料板和螺钉、销钉等零件组成；下模由下模座、导柱、凹模、导料板、承料板和螺钉、销钉等零件组成。上模通过模柄被安装在压力机滑块上，随滑块作上下往复运动，故称为活动部分；下模通过下模座被固定在压力机工作台上，故又称固定部分。

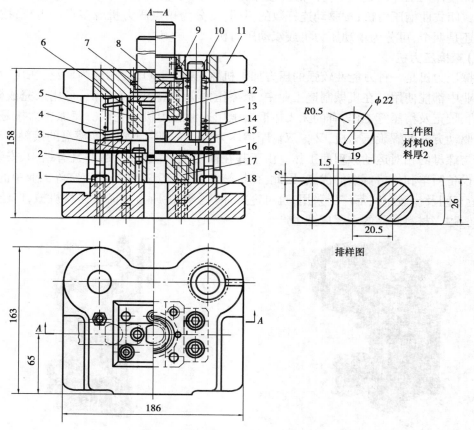

图 8-1 典型冲模结构组成

1—螺帽；2—导料螺钉；3—挡料销；4—弹簧；5—凸模固定板；6—销钉；
7—模柄；8—垫板；9—止动销；10—卸料螺钉；11—上模座；12—凸模；13—导套；
14—导柱；15—卸料板；16—凹模；17—内六角螺钉；18—下模座

通常模具是由两类零件组成：一类是工艺零件，这类零件直接参与工艺过程的完成并与坯料有直接接触,包括有工作零件、定位零件、卸料与压料零件等;另一类是结构零件,这类零件不直接参与完成工艺过程,也不与坯料有直接接触,只对模具完成工艺过程起保证作用,或对模具功能起完善作用,包括有导向零件、紧固零件、标准件及其他零件等。

应该指出,并不是所有的冲模都必须具备上述零件,尤其是单工序模,但是工作零件和必要的固定零件等是不可缺少的。

8.1.3 认知冲压设备

冷冲压设备是提供冷冲压动力的设备,主要有曲柄压力机(见图8-2)、摩擦压力机、液压压力机、微型冲压机及微型拉伸机等。

(1)曲柄压力机

曲柄压力机是一种最常用的冷冲压设备,用作冷冲压模具的工作平台。其结构简单,使用方便。在曲柄压力机中,滑件安装在曲柄轴上,由于曲柄轴的旋转而在一定行程内竖直往复,并且向冲模冲压工件以成形所需产品。按床身结构形式的不同,曲柄压力机可分为开式曲柄压力机或闭式曲柄压力机;按驱动连杆数的不同,可分为单点压力机或多点压力机;按滑块数是一个还是两个,可分为单动压力机或双动压力机。

(2)摩擦压力机

摩擦压力机是一种万能性较强的压力加工机器(见图8-3),应用较为广泛,在压力加工的各种行业中都能使用。在机械制造工业中,摩擦压力机的应用更为广泛,可用来完成模锻、镦锻、弯曲、校正及精压等工作,有的无飞边锻造也用这种压力机来完成。摩擦压力机是一种采用摩擦驱动方式的螺旋压力机,又称双盘摩擦压力机。它利用飞轮和摩擦盘的接触传动,并借助螺杆与螺母的相对运动原理而工作。由于其在使用上万能性较大,并且有结构、安装、操纵及辅助设备简单和价格低廉的优点,因此,在机械制造、汽车、拖拉机和航空等工业中的冲压车间、锻造车间及模锻车间都广泛采用,也可进行冲裁。摩擦压力机又是建材机械,广泛用于瓷砖、陶瓦、耐火材料制品的干压成型生产。

图8-2 曲柄压力机

图8-3 摩擦压力机

(3)液压压力机

液压压力机又称液压成形压力机,使用各种金属与非金属材料成型加工的设备(见图8-4)。液压压力机主要有机架、液压系统、冷却系统、加压油缸、上模及下模,加压油缸装在机架上端,并与上模联接,冷却系统与上模、下模联接。其特征在于机架下端装有移动工作台及与移动工作台联接的移动油缸,下模安放在移动工作台的上面。

(4)微型冲压机

微型冲压机广泛应用于学校模具专业试模,结构和原理基本与普通压力机一致(见图 8-5)。注意精密冲床在长期使用中,除需进行日常(每日)的点检与保养外,其在每使用到达一周、一月后还需额外进行每周、每月的点检与保养。

(5)微型拉伸机

微型拉伸机广泛应用于学校模具专业试模(见图 8-6)。微型拉伸机有电子式的、液压式的和电液伺服式的,结构和原理基本与普通拉伸机一致。拉伸夹具是其组成重要部分,不同的材料需要不同的夹具,也是试验能否顺利进行及试验结果准确度高低的一个重要因素。使用后,要注意定期维护保养。

图 8-4　液压压力机

图 8-5　微型冲压机

图 8-6　微型拉伸机

模具知识小词典

常用模具材料——PMS 钢

PMS 钢是 1Ni3Mn2CuAlMo 的简称,为时效硬化型塑料模具钢。该钢具有良好的表面加工性能、热冷加工性能、电加工性能和综合力学性能。

PMS 钢在制造模具前,先进行固溶处理,使合金元素尽可能全部固溶于奥氏体中。固溶冷却后,获得马氏体与贝氏体两相组织,热处理变形小,硬度在 30 HRC 左右,便于机械加工制成模具。模具制成后,经时效处理,金属间化合物析出,模具硬度回升到 40 ~ 45 HRC,可满足塑料模具的使用要求。再经抛光处理后,模具表面可获得镜面光洁度,具有洁净抗腐蚀性能,表面刻蚀图案性能最佳,是光学透明塑料制品的成型模具最为理想的模具材料。为了提高模具表面的硬度与耐磨性,可在时效后再经氮化处理或碳氮共渗处理,模具表面硬度可达到 1 000HV 以上。PMS 钢也适宜制造工程塑料模具。

 学习巩固

一、填空题

1. 冷冲压加工是在常温下,利用_____和_____,使各种不同规格的_____或_____在压力作用下发生_____或_____,制成所需形状零件的加工工艺方法。

2. 冲压模具按工艺性质分,可分为_____、_____、_____及_____等类型;按工序组合程度分,可分为_____、_____和_____等类型。

3. _____是沿封闭或敞开的轮廓线使材料产生分离的模具。常见的类型有_____、_____、_____、_____及剖切模等。

4. _____是将毛坯或半成品工件按凸、凹模的形状直接复制成形,而材料本身仅产生局部塑性变形的模具,常见的类型有_____、_____、_____、_____及整形模等。

5. 典型的冲模结构是带导柱导套的单工序冲模,由_____、_____两部分构成。

6. 冲模的_____通过_____被安装在压力机_____上,随_____作上下往复运动,故称为_____;_____通过_____被固定在压力机_____上,故又称_____。

7. 通常模具是由两类零件组成:一类是_____零件,这类零件直接参与工艺过程的完成并和坯料有直接接触,包括有_____零件、_____零件、_____零件等;另一类是_____零件,这类零件不直接参与完成工艺过程,也不和坯料有直接接触,只对模具完成工艺过程起作用,或对_____起完善作用,包括有_____零件、_____零件、_____零件等。

8. 冷冲压设备是提供_____的设备,主要有_____机、_____机、_____机、_____机及微型拉伸机等。

9. _____是一种最常用的冷冲压设备,用作冷冲压模具的工作平台。其_____,使用方便。

10. PMS 钢是_____的简称,为_____模具钢。经抛光处理后,模具表面可获得_____性能,具有_____性能,_____性能最佳,是_____制品成型模具最为理想的模具材料。

二、名词解释

1. 冲裁模

2. 弯曲模

3. 拉深模

4. 成形模

5. 单工序模

6. 复合模

7. 级进模（也称连续模）

三、看图填空题

正确填写如图 8-7 所示冲压设备的名称。

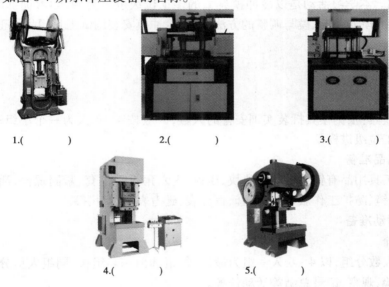

1.(　　　　)　　　　2.(　　　　)　　　　3.(　　　　)

4.(　　　　)　　　　5.(　　　　)

图 8-7　冲压设备

四、简答题

1. 冲压模具有哪些类型？
2. 简述冲模的结构组成。
3. 简述 PMS 钢的性能特点。

学习活动 8.2　多工位级进模的安装与调试

活动描述

本学习活动是以冷冲模典型的多工位级进模为例,学习多工位级进模的安装与调试的方法。通过本活动的学习,能够正确掌握多工位级进模的安装、试模和调整的方法。

活动分析

冲压模具的安装与调试是指将模具正确安装在匹配的压力机上并调试至制件合格的全过程。安装与调试冲压模的过程中,应遵守"确保操作者人身安全,确保模具和设备在调试中不受损坏"的原则。本学习活动是以冷冲模典型的多工位级进模为例,学习训练冷冲模的安装与调试,掌握冷冲模安装、试模与调整的方法,以及冷冲模安装调试工具用品的正确使用。

活动准备

(1)模具准备

分组准备模具:根据模具拆装实训安排的人数,一般按 4~6 人为一个小组进行分组。每组准备一套多工位级进模。

(2)工具用品准备

须准备的工具用品有铜棒、锤子、垫块、压板、内六角扳手 1 套、紧固螺栓、活动扳手、塑料周转箱、防护眼镜、防护工作服、防护手套、百分表、磁力表座、塞尺等。

(3)分组活动准备

1)分组安排

根据学习人数分组,以 4~6 人一组为最佳,每组选出一名组长,同组人员分工负责安装、试模、调整、检验、观察、记录总结等活动任务。

2)工具领用管理

以小组为单位,组长负责领用并清点模具安装调试所用的工量具、防护用品等,熟悉工量具的正确使用方法与使用要求。实训结束时,按清单清点工量具,待指导教师验收无误才能下课。

3)学习遵守安全操作规程

模具安装调试实训是模具专业重要的实训环节。实训前,要求学生认真学习模具安装调试安全操作规程。实训时,认真管理学生,严格执行安全操作规程,树立安全理念、强化安全意识。

知识链接

8.2.1　冲模安装注意事项

①检查模具的标识是否完好清晰,对照工艺文件检查所使用的模具是否正确。

②检查模具是否完整,凸凹模是否有裂纹,是否有磕碰、变形,可见部分的螺钉是否有松动,刃口是否锋利(冲裁模),等等。

③检查上、下模板及工作台面是否清洁干净,导柱导套间是否有润滑油。

④检查所使用的原材料是否与工艺文件一致,防止因使用不合格的原材料损坏模具和设备。

⑤检查所使用的机床是否与模具匹配。

⑥检查模具在机床上安装是否正确,上、下模压板螺栓是否紧固。

8.2.2　多工位级进模试冲常见缺陷、产生原因及调整方法

多工位级进模试冲常见缺陷、产生原因及调整方法见表 8-1。

表 8-1　多工位级进模试冲常见缺陷、产生原因及调整方法

缺陷情况	产生原因	调整方法
制品边缘呈锯齿状	毛坯边缘有毛刺	修整前道工序落料凹模刃口,使其间隙均匀,减少毛刺
阶梯形件局部破裂	凹模与凸模圆角太小,加大了拉深力	加大凸模与凹模的圆角半径,减少拉深力
凸缘起皱且制件侧壁拉裂	压边力太小,凸缘部分起皱,无法进入凹模而拉裂	加大压边力
制件底部被拉裂	凹模圆角半径太小	加大凹模圆角半径
制件凸缘褶皱	1. 凹模圆角半径太大 2. 压边圈不起压边作用	1. 减少凹模圆角半径 2. 调整压边结构加大压边力
制件壁部拉毛	1. 模具工作部分有毛刺 2. 毛坯表面有杂质	1. 修光模具工作平面和圆角 2. 清洁毛坯或用干净润滑剂
盒形件角部破裂	1. 角部圆角半径太小 2. 间隙太小 3. 变形程度太大	1. 平整毛坯 2. 改善顶料结构 3. 增加拉深次数
拉深高度不够	1. 毛坯尺寸太大 2. 拉深间隙太小 3. 凸模圆角半径太小	1. 加大毛坯尺寸 2. 调整间隙 3. 加大凸模圆角半径

8.2.3 多工位级进模的工作过程

多工位级进模的工作过程如图 8-8 所示。

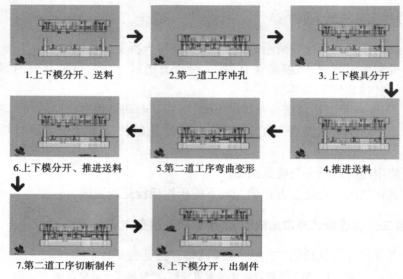

1.上下模分开、送料　　　2.第一道工序冲孔　　　3. 上下模具分开

6.上下模分开、推进送料　　5.第二道工序弯曲变形　　4.推进送料

7.第二道工序切断制件　　8. 上下模分开、出制件

图 8-8　多工位级进模的工作过程

活动实施

(1) 教师示范演示

通过教师示范演示,指导学生理解多工位级进模的试模过程。

多工位级进模的试模过程如图 8-9 所示。

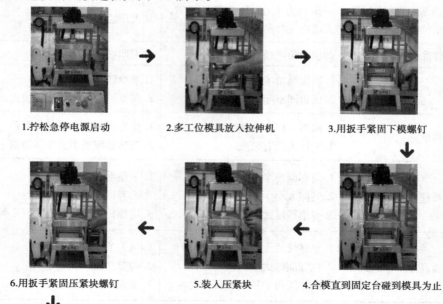

1.拧松急停电源启动　　2.多工位模具放入拉伸机　　3.用扳手紧固下模螺钉

6.用扳手紧固压紧块螺钉　　5.装入压紧块　　4.合模直到固定台碰到模具为止

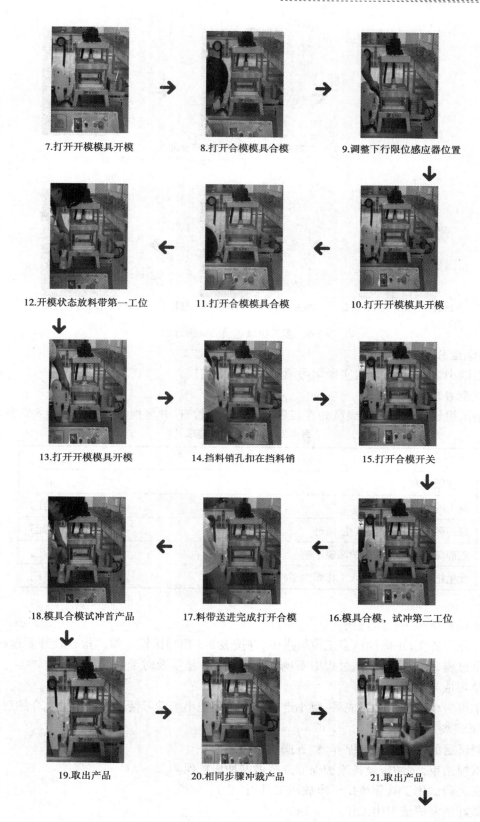

7.打开开模模具开模　　8.打开合模模具合模　　9.调整下行限位感应器位置

12.开模状态放料带第一工位　　11.打开合模模具合模　　10.打开开模模具开模

13.打开开模模具开模　　14.挡料销孔扣在挡料销　　15.打开合模开关

18.模具合模试冲首产品　　17.料带送进完成打开合模　　16.模具合模，试冲第二工位

19.取出产品　　20.相同步骤冲裁产品　　21.取出产品

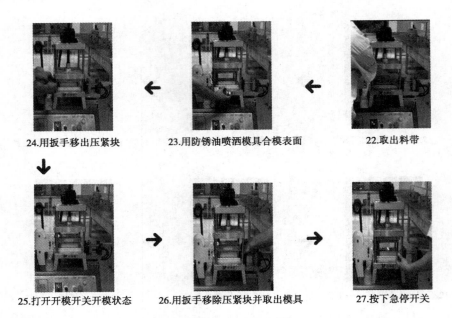

24.用扳手移出压紧块　　　23.用防锈油喷洒模具合模表面　　　22.取出料带

25.打开开模开关开模状态　　26.用扳手移除压紧块并取出模具　　　27.按下急停开关

图 8-9　多工位级进模的试模过程

(2)学生分组实操学习

学生以小组为单位,分组实操学习调试多工位级进模。

1)规范着装检查

各小组组长首先对小组成员的着装是否规范进行检查,并将检测结果填入表 8-2 中。

表 8-2　规范着装检查表

检查项目	记录
工作服穿好了吗	是□　否□
身上的饰物摘掉了吗	是□　否□
穿的鞋子是否防滑、防扎、防砸	是□　否□
正确戴好工作帽和防护眼镜了吗	是□　否□
女生把长发盘起并塞入工作帽内了吗	是□　否□

2)正确调试多工位级进模

小组分工协作,正确调试多工位级进模,并按表 8-3 填写试模步骤。指导教师要巡视学生试模的全过程,发现模具调试过程中不规范的姿势及方法要及时予以纠正。

3)学习成果展示

以小组为单位展示学习成果,每小组须选派代表把小组学习情况现场向师生介绍展示。

4)"6S"场室清理

①调试后的模具须正确保养、整齐摆放回原处。

②试模结束,按冲压设备维护保养规范做好冲压机保养。

③安装调试用工具须擦拭干净放回工具箱(盒)。

④做好场室清洁卫生工作。

表8-3　多工位级进模的试模步骤

工　序	工　步	操作步骤内容	选用工具

5）学习评价

按冲压模具安装与调试学习评价表8-4对学生学习情况进行评价。

各小组须对小组成员的学习情况给出小组评价成绩;各小组须根据小组介绍展示的学习情况,给出小组互评成绩;教师须根据学生现场学习表现和小组学习成果展示,给出教师评价成绩。

表8-4　冲压模具安装与调试学习评价表

班级			小　组		姓　名			
序号	评价内容	分　值	评价标准		评定成绩			
					小组评价 20%	小组互评 20%	教师评价 60%	合　计
1	认识模具结构	5	每错一项扣分2分					
2	工作准备	10	总体情况评分					
3	正确安装模具	15	每错一项扣2分					
4	试模步骤正确无误	15	每错一项扣2分					
5	正确判断制件缺陷	10	每错一项扣2分					
6	调整模具至制件合格	15	每错一项扣2分					
7	工具用品正确选用和操作	10	总体情况评分					
8	"6S"场室清理	10	总体情况评分					
9	安全文明生产	10	总体情况评分					
总评成绩								
学习记录:								

模具知识小词典

常用模具材料——PCR 钢

PCR 模具钢为 0C16Ni4Cu3Nb 钢的代号,属析出硬化不锈钢,是应用较广的耐型塑料模具钢。该钢硬度为 32～35 HRC 时可进行切削加工,再经 460～480 ℃时效处理后,可获得较好的综合力学性能。

PCR 模具钢适于制作含有氟、氯的塑料成形模具,具有良好的耐腐蚀性。具体应用,如用于氟塑料或聚氯乙烯塑料成形模具、氟塑料微波板、塑料门窗、各种车辆把套、氟氯塑料挤出机螺杆、料筒及添加阻燃剂的塑料成形模,可作为 74PH 钢的代用材料。

聚三氟乙烯阀门盖模具,原用 45 钢或镀铬处理,使用寿命 1 000～4 000 件;改用 PCR 模具钢,当加工 6 000 件后仍与新模具一样,未发现任何锈蚀或磨损,模具寿命达 10 000～12 000 件。四氟塑料微波板原用 45 钢或表面镀铬模具,使用寿命仅 2～3 次;改用 PCR 模具钢,模具使用 300 次后,未发现任何锈蚀或磨损,表面光亮如镜。

学习巩固

一、问答题

1. 正确填写冲模安装注意事项。

_____

_____

_____

_____

2. 你在多工位级进模的安装调试过程中是否每个安全事项和步骤都做好了?请列出没有做好的地方及原因。

_____

_____

_____

_____

二、简答题

1. 简述 PCR 模具钢的性能特点。

2. 举例说明 PCR 模具钢的用途。

3. 简述多工位级进模安装试模的步骤。

三、填表题

请正确填写表 8-5 多工位级进模试中常见缺陷产生的原因及调整方法。

表 8-5　多工位级进模试冲常见缺陷产生的原因及调整方法

缺陷情况	产生原因	调整方法
制品边缘呈锯齿状		
阶梯形件局部破裂		
制件凸缘褶皱		
制件壁部拉毛		
盒形件角部破裂		
拉深高度不够		
凸缘起皱且制件侧壁拉裂		
制件底部被拉裂		

学习活动 8.3　微型落料模的安装与调试

活动描述

本学习活动是以冷冲模典型的微型落料模为例,学习微型落料模的安装与调试的方法。通过本活动的学习,能够正确掌握微型落料模的安装、试模和调整的方法。

活动分析

冲压模具的安装与调试是指将模具正确安装在匹配的压力机上并调试至制件合格的全过

程。安装与调试冲压模的过程中,应遵守"确保操作者人身安全,确保模具和设备在调试中不受损坏"的原则。本学习活动是以冷冲模典型的微型落料模为例,学习训练冷冲模的安装与调试,掌握冷冲模安装、试模与调整的方法,以及冷冲模安装调试工具用品的正确使用。

 活动准备

(1)模具准备

分组准备模具:根据模具拆装实训安排的人数,一般按 4~6 人为一个小组进行分组。每组准备一套微型落料模。

(2)工具用品准备

须准备的工具用品有铜棒、锤子、垫块、压板、内六角扳手 1 套、紧固螺栓、活动扳手、塑料周转箱、防护眼镜、防护工作服、防护手套、百分表、磁力表座、塞尺等。

(3)分组活动准备

1)分组安排

根据学习人数分组,以 4~6 人一组为最佳,每组选出一名组长,同组人员分工负责安装、试模、调整、检验、观察、记录总结等活动任务。

2)工具领用管理

以小组为单位,组长负责领用并清点模具安装调试所用的工量具、防护用品等,熟悉工量具的正确使用方法与使用要求。实训结束时,按清单清点工量具,待指导教师验收无误才能下课。

3)学习遵守安全操作规程

模具安装调试实训是模具专业重要的实训环节。实训前,要求学生认真学习模具安装调试安全操作规程。实训时,认真管理学生,严格执行安全操作规程,树立安全理念、强化安全意识。

 知识链接

8.3.1 曲柄压力机的工作原理和结构组成

曲柄压力机的工作原理如图 8-10 所示。

电动机 1 的能量和运动通过带传动传递给中间传动轴 4,再由齿轮 5 和 6 传动给曲轴 9,经连杆 11 带动滑块 12 作上下直线移动。因此,曲轴的旋转运动通过连杆变为滑块的往复直线运动。将上模 13 固定于滑块上,下模 14 固定于工作台垫板 15 上,压力机便能对置于上、下模间的材料加压,依靠模具将其冲成工件,实现压力加工。由于工艺需要,曲轴两端分别装有离合器 7 和制动器 10,以实现滑块的间歇运动或连续运动。压力机在整个工作周期内有负荷的工作时间很短,大部分时间为空程运动。为了使电动机的负荷均匀和有效地利用能量,在传动轴端装有飞轮,起储能作用。该机上的大带轮 3 和大齿轮 6 均起飞轮的作用。

曲柄压力机一般由以下 5 个部分组成:

(1)工作机构

一般为曲柄滑块机构,由曲轴、连杆、滑块及导轨等零件组成。其作用是将传动系统的旋转运动变换为滑块的往复直线运动;承受和传递工作压力;在滑块上安装模具。

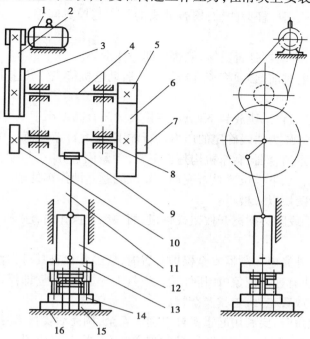

图 8-10　曲柄压力机的工作原理

1—电动机;2—小带轮;3—大带轮;4—中间传动轴;5—小齿轮;6—大齿轮;7—离合器;8—机身
9—曲轴;10—制动器;11—连杆;12—滑块;13—上模;14—下模;15—垫板;16—工作台

(2)传动系统

传动系统包括带传动和齿轮传动等机构。将电动机的能量和运动传递给工作机构,并对电动机的转速进行减速获得所需的行程次数。

(3)操纵系统

如离合器、制动器及其控制装置。用来控制压力机安全、准确地运转。

(4)能源系统

如电动机和飞轮。飞轮能将电动机空程运转时的能量储存起来,在冲压时再释放出来。

(5)支承部件

如机身,把压力机所有的机构联接起来,承受全部工作变形力和各种装置的各个部件的重力,并保证整机所要求的精度和强度。

此外,还有各种辅助系统和附属装置,如润滑系统、顶件装置、保护装置、滑块平衡装置及安全装置等。

8.3.2　冲压设备维护保养的注意事项

①操作人员经考试合格取得操作证方准进行操作,操作者应熟悉本机的性能、结构等,并要遵守安全和交接班制度。

②严格按照润滑图进行注油(脂),并保持油量适当、油路畅通。

③检查设备紧固件,尤其是可倾床身的销定件有无松动,安全防护装置是否良好,模具有

无裂纹,固定是否牢靠。

④用手盘动飞轮或用杠杆搬曲轴,检查冲头的行程与模具间隙,防止开车时"啃模"或顶坏设备。

⑤检查启动机构、制动器是否灵敏,能否立即停住滑块。

⑥在启动压力机电机前,必须将离合器脱开。启动电机待飞轮转速正常后,方可操纵滑块工作。

⑦安装模具时,必须将滑块放到下死点,使模具的闭合高度小于压力机的最小闭合高度。

⑧严格按滑块允许压力曲线确定的压力进行加工,不允许超负荷工作。

⑨工作时经常注意离合器、刹车机构是否正常;各紧固件尤其是连杆螺母、可倾床身的销定螺母有无松动现象;上、下模位置是否变动。发现问题立即停车处理。

⑩禁止同时冲裁两块以上板料。

⑪冲完一次后,手或脚必须离开按钮或踏板,两人以上操作时,注意协调配合,必要时使用双动开关。

⑫使用自检式红外光电控制器安全保护装置时,要经常检查其可靠性。

⑬发现异响、滑块有连击现象,冲压件咬在模具上等情况,要立即停车检查。

⑭工作台上不准放置工件、工具及杂物。

⑮调整压力机倾角时,要利用起重机械以确保安全,调完后要将床身销定。

⑯工作后必须检查、清扫设备,做好日常保养工作,将各操纵手柄(开关)置于空挡(零位),断开电源开关,达到整齐、清洁、润滑、安全。

工作开始前:

①收拾工作场地,从压力机上将与工作无关的物件,工具收拾干净,操作者衣袖束好,其他人应离开压力机的工作场地。

②检查压力机运行部位的润滑情况,手动油泵或油杯中应加足润滑油。

③检查冲模安装是否正确可靠,刃口有无裂纹、缺损或其他伤痕。

④对光电保护装置及紧急刹停装置进行功能检查,在确认其正常后,方可开机,传感器及反光板表面应经常保持洁净,不得有油污、灰尘等污染。经常检查各处固定件是否有松动现象。

⑤一定要在离合器脱开的情况下,才可启动电动机。

⑥做几次空行程,测试制动器、离合器及操纵机构的工作是否正常。

⑦准备好工作中所需要的工具及必需用品。

工作时间内:

①定时用手动油泵、油壶、油枪压油润滑机器。

②严格禁止在冲模上放置重叠的坯料同时冲裁。

③如工件卡在冲模上应立即停机,排除故障后再继续工作。

④为了避免废料落入冲模中,应及时将其工作台上的废料清除。

⑤发现压力机工作不正常时,如滑块自己落下、机床有不正常的声响和撞击声、操纵不灵、工件质量不好等问题,应立即停机检修。

工作完毕后:

①关掉电机,切断电源。

②将金属料清理干净，收拾好工具及冲压件，将其放在规定的位置。

③用抹布擦压力机表面，使其见本色保持外观，并在模具刃口涂上一层防锈油（黄油）。

④清扫工作场地。

8.3.3　微型落料模试冲常见缺陷、产生原因及调整方法

微型落料模试冲常见缺陷、产生原因及调整方法见表 8-6。

表 8-6　微型落料模试冲常见缺陷、产生原因及调整方法

缺陷情况	产生原因	调整方法
冲裁件剪切断面光亮带宽，甚至出现毛刺	冲裁间隙过小	适当放大冲裁间隙，对于冲孔模间隙加大在凹模方向上，对落料模间隙加大在凸模方向上
凸模、凹模刃口相咬	1. 卸料板孔位偏斜使冲孔凸模位移 2. 导向精度差，导柱、导套配合间隙过大 3. 凸模、导柱、导套与安装基面不垂直 4. 凸、凹模错位 5. 上下模座、固定板、凹模、垫板等零件安装基面不平行	1. 修整及更换卸料板 2. 更换导柱、导套 3. 调整其垂直度重新安装 4. 重新安装凸、凹模，使之对正 5. 调整有关零件重新安装
冲件毛刺过大	1. 刃口不锋利或淬火硬度不够 2. 间隙过大或过小，不均匀	1. 修磨刃口使其锋利 2. 重新调整凹、凸模间隙，使均匀
冲件不平整	1. 凹模有倒锥，冲件从孔中通过时被压弯 2. 顶出杆与顶出器接触工件面积太小 3. 顶出杆、顶出器分布不均匀	1. 修磨凹模孔，去除倒锥现象 2. 更换顶出杆，加大与工件的接触面积
尺寸超差、形状不准确	凸模、凹模形状及尺寸精度差	修整凸、凹模形状及尺寸，使之达到形状及尺寸精度要求
凸模折断	1. 冲裁时产生侧向力 2. 卸料板倾斜	1. 在模具上设置挡块抵消侧向力 2. 修整卸料板或使凸模增加导向装置
凹模被胀裂	1. 凹模孔有倒锥度现象（上口大下口小） 2. 凹模孔内卡住（废料）太多	1. 修磨凹模孔，消除倒锥现象 2. 修低凹模孔高度
剪切断面光亮带宽窄不均匀，局部有毛刺	冲裁间隙不均匀	修磨或重装凸模或凹模，调整间隙保证均匀
卸料及卸件困难	1. 卸料装置不动作 2. 卸料力不够 3. 卸料孔不畅，卡住废料 4. 凹模有倒锥 5. 漏料孔太小 6. 推杆长度不够	1. 重新装配卸料装置，使之灵活 2. 增加卸料力 3. 修整卸料孔 4. 修整凹模 5. 加大漏料孔 6. 加长打料杆

续表

缺陷情况	产生原因	调整方法
送料不通畅,有时被卡死	易发生在连续模中 1. 两导料板之间的尺寸过小或有斜度 2. 凸模与卸料板制件的间隙太大,致使搭边翻转而堵塞 3. 导料板的工作面与侧刃不平行,卡住条路,形成毛刺大	1. 粗修或重新装配导料板 2. 减少凸模与导料板之间的配合间隙,或重新浇注卸料板孔 3. 重新装配导料板,使之平行 4. 修整侧刃及挡块之间的间隙,使之严密
外形与内孔偏移	1. 在连续模中孔与外形偏心,并且所偏的方向一致,表面侧刃的长度与步距不一致 2. 连续模多件冲裁时,其他孔形正确,只有一孔偏心,表面该孔凸、凹模位置有变化 3. 复合模孔形不正确,表面凸、凹模相对位置偏移	1. 加大(减少)侧刃长度或磨小(加大)挡料块尺寸 2. 重新装配凸模并调整其位置使之正确 3. 更换凸(凹)模,重新进行装配调整合适

8.3.4 典型冷冲模(微型落料模)的工作过程

典型冷冲模(微型落料模)的工作过程如图 8-11 所示。

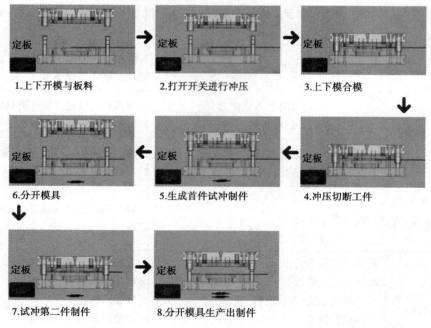

图 8-11 典型冷冲模(微型落料模)的工作过程

活动实施

(1)教师示范演示

通过教师示范演示,指导学生理解微型落料模的试模过程。

微型落料模的试模过程如图 8-12 所示。

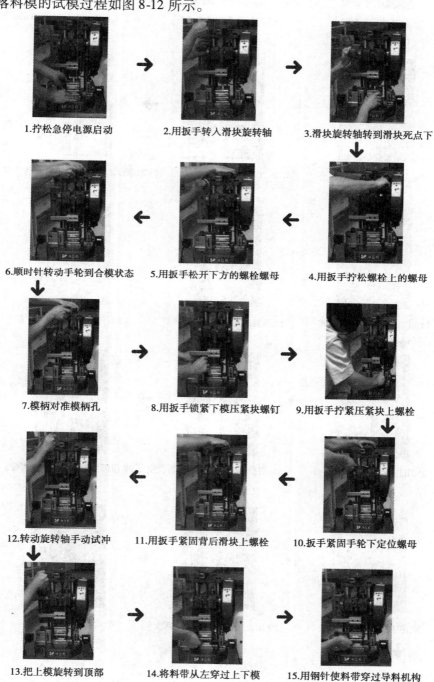

1.拧松急停电源启动　　2.用扳手转入滑块旋转轴　　3.滑块旋转轴转到滑块死点下

6.顺时针转动手轮到合模状态　　5.用扳手松开下方的螺栓螺母　　4.用扳手拧松螺栓上的螺母

7.模柄对准模柄孔　　8.用扳手锁紧下模压紧块螺钉　　9.用扳手拧紧压紧块上螺栓

12.转动旋转轴手动试冲　　11.用扳手紧固背后滑块上螺栓　　10.扳手紧固手轮下定位螺母

13.把上模旋转到顶部　　14.将料带从左穿过上下模　　15.用钢针使料带穿过导料机构

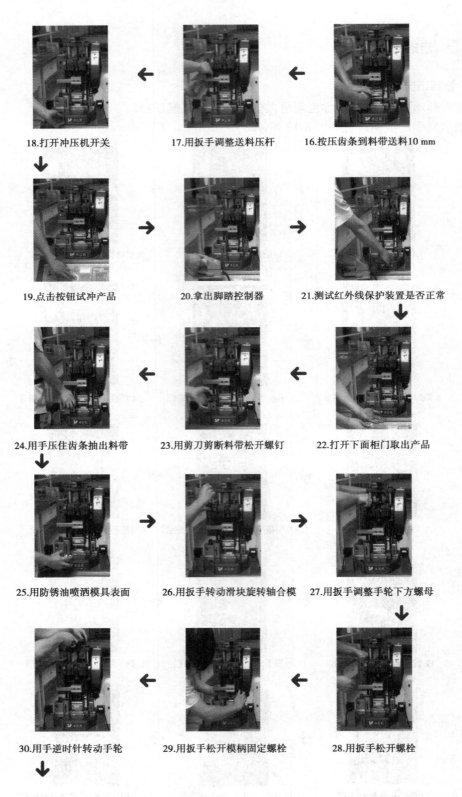

18.打开冲压机开关　　　　17.用扳手调整送料压杆　　　16.按压齿条到料带送料10 mm

19.点击按钮试冲产品　　　　20.拿出脚踏控制器　　　21.测试红外线保护装置是否正常

24.用手压住齿条抽出料带　　23.用剪刀剪断料带松开螺钉　　22.打开下面柜门取出产品

25.用防锈油喷洒模具表面　　26.用扳手转动滑块旋转轴合模　27.用扳手调整手轮下方螺母

30.用手逆时针转动手轮　　　29.用扳手松开模柄固定螺栓　　28.用扳手松开螺栓

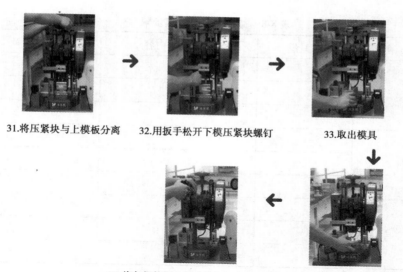

31.将压紧块与上模板分离　　32.用扳手松开下模压紧块螺钉　　33.取出模具

35.将各部件加上机油进行机床基本保养　34.用防锈油喷洒送料机构

图 8-12　微型落料模的试模过程

（2）学生分组实操学习

学生以小组为单位,分组实操学习调试微型落料模。

1）规范着装检查

各小组组长首先对小组成员的着装是否规范进行检查,并将检测结果填入表 8-7 中。

表 8-7　规范着装检查表

检查项目	记　录
工作服穿好了吗	是□　否□
身上的饰物摘掉了吗	是□　否□
穿的鞋子是否防滑、防扎、防砸	是□　否□
正确戴好工作帽和防护眼镜了吗	是□　否□
女生把长发盘起并塞入工作帽内了吗	是□　否□

2）正确调试微型落料模

小组分工协作,正确调试微型落料模,并按表 8-8 填写试模步骤。指导教师要巡视学生试模的全过程,发现模具调试过程中不规范的姿势及方法要及时予以纠正。

3）学习成果展示

以小组为单位展示学习成果,每小组须选派代表把小组学习情况现场向师生介绍展示。

4）"6S"场室清理

①调试后的模具须正确保养、整齐摆放回原处。

②试模结束,按冲压设备维护保养规范做好冲压机保养。

③安装调试用工具须擦拭干净放回工具箱(盒)。

④做好场室清洁卫生工作。

表 8-8　微型落料模试模步骤

工　序	工　步	操作步骤内容	选用工具

5）学习评价

按冲压模具安装与调试学习评价表 8-9 对学生学习情况进行评价。

各小组须对小组成员的学习情况给出小组评价成绩；各小组须根据小组介绍展示的学习情况，给出小组互评成绩；教师须根据学生现场学习表现和小组学习成果展示，给出教师评价成绩。

表 8-9　冲压模具安装与调试学习评价表

班级		小　组		姓　名			
序号	评价内容	分　值	评价标准	评定成绩			
				小组评价 20%	小组互评 20%	教师评价 60%	合　计
1	认识模具结构	5	每错一项扣分 2 分				
2	工作准备	10	总体情况评分				
3	正确安装模具	15	每错一项扣 2 分				
4	试模步骤正确无误	15	每错一项扣 2 分				
5	正确判断制件缺陷	10	每错一项扣 2 分				
6	调整模具至制件合格	15	每错一项扣 2 分				
7	工具用品正确选用和操作	10	总体情况评分				
8	"6S"场室清理	10	总体情况评分				
9	安全文明生产	10	总体情况评分				
总评成绩							
学习记录：							

模具知识小词典

常用模具材料——SKD61 钢

　　SKD61 钢是一种日本牌号的热作模具钢（见图 8-13）。对应我国的牌号（GB/T 1299—2000）是 4Cr5MoSiV1，是应用最广的热作模具钢，SKD61 对应的美国标准是 H13，韩国是 STD61。

图 8-13　SKD61 钢

　　SKD61 模具钢是一种含硅、铬、钼、钒的中等合金热作模具钢，经淬火、回火处理后得到组织细、晶粒适中的马氏体组织，具有良好的综合力学性能，而且淬透性能好，比较适合制造尺寸大、形状复杂的模具。

　　（1）性能特点

　　①真空脱气精炼处理，钢质纯净。

　　②球化退火软化处理，切削加工性能良好。

　　③有强化元素钒、钼加入，高温强度和韧性好，耐磨性极其优异。

　　（2）用途

　　①用于制作厚度不大于 2 mm 薄板材的高效落料模、冲裁模及压印模。

　　②用于制作各种剪刀、镶嵌刀片、木工刀片。

　　③用于制作螺纹轧制模和耐磨滑块。

　　④用于制作冷镦模具、热固树脂成型模。

　　⑤用于制作深拉成型模、冷挤压模具。

学习巩固

一、问答题

你在微型落料模的安装调试过程中是否每个安全事项和步骤都做好了？请列出没有做好

的地方及原因。

_____

_____

_____

_____

二、简答题

1. 简述微型落料模的安装试模步骤。

2. 简述曲柄压力机的工作原理。

3. 如何维护保养冲压设备?

4. 简述 SKD61 钢的性能特点及用途。

三、填表题

请正确填写表 8-10 微型落料模试冲时常见缺陷产生的原因及调整方法。

表 8-10　微型落料模试冲时常见缺陷产生的原因及调整方法

缺陷情况	产生原因	调整方法
冲裁件剪切断面光亮带宽,甚至出现毛刺		
尺寸超差、形状不准确		
凸模、凹模刃口相咬		
冲件毛刺过大		
冲件不平整		
凸模折断		
凹模被胀裂		
剪切断面光亮带宽窄不均匀,局部有毛刺		
卸料及卸件困难		
送料不通畅,有时被卡死		
外形与内孔偏移		

学习任务 **9**

典型注塑模的安装与调试

学习目标

知识点：

- 注塑机的分类。
- 注塑机的结构组成和工作原理。
- 典型注塑模的安装与调试。

技能点：

- 能正确识别注塑机的类型、结构组成。
- 能正确做好注塑模安装前的准备工作。
- 能正确地安装注塑模具。
- 能正确地操作注塑机进行试模。
- 会分析注塑产品缺陷产生的原因，并正确调试注塑模具。
- 会正确保养注塑机。
- 自觉遵守安全文明生产规程，养成安全文明生产习惯。
- 养成踏实严谨、精益求精、爱岗敬业、积极进取、总结反思、团队合作的职业素养。

建议学时

12 课时。

学习活动 9.1 认知注塑机分类、结构组成和工作原理

活动描述

本活动是了解注塑机的种类、结构组成和工作原理。通过本活动的学习，能够理解熟悉注塑机的类型、典型的结构组成和工作原理。

知识链接

9.1.1 注塑机的分类

注塑机按合模部件与注射部件配置的形式,可分为卧式、立式、角式及微型卧式(教学专用)4 种。

(1)卧式注塑机

卧式注塑机如图 9-1 所示。卧式注塑机是最常用的类型。其特点是注射总成的中心线与合模总成的中心线同心或一致,并平行于安装地面。其优点是重心低、工作平稳、模具安装、操作及维修均较方便,模具开档大,占用空间高度小;但占地面积比较大,大、中、小型机均有广泛应用。

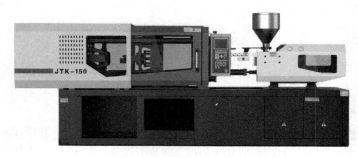

图 9-1　卧式注塑机

(2)立式注塑机

立式注塑机如图 9-2 所示。其特点是合模装置与注射装置的轴线呈一线排列而且与地面垂直,具有占地面积小,模具装拆方便,嵌件安装容易,自料斗落入物料能较均匀地进行塑化,易实现自动化及多台机自动线管理等优点。缺点是顶出制品不易自动脱落,常需人工或其他方法取出,不易实现全自动化操作和大型制品注射;机身高,加料、维修不便。

(3)角式注塑机(见图 9-3)

角式注塑机如图 9-3 所示。注射装置和合模装置的轴线互呈垂直排列。根据注射总成中心线与安装基面的相对位置有卧立式、立卧式和平卧式之分。

1)卧立式

注射总成线与基面平行,而合模总成中心线与基面垂直。

2)立卧式

注射总成中心线与基面垂直,而合模总成中心线与基面平行。

角式注射机的优点是兼备有卧式与立式注射机的优点,特别适用于开设侧浇口非对称几何形状制品的模具。

(4)微型卧式注塑机(教学专用)

微型卧式注塑机如图 9-4 所示。专门为教学培训设计的,它的结构基本与卧式注塑机一样,工作原理和操作基本一致,它的优点是重心低、工作平稳、模具安装、操作及维修均较方便,模具开档大,占用空间高度小;占地面积比较小,在教学培训时广泛应用。

图 9-2　立式注塑机

图 9-3　角式注塑机

图 9-4　微型卧式注塑机

9.1.2　注塑机的结构组成

注塑机主要由注射部件、合模部件、机身、液压系统、加热系统、控制系统及加料装置等部分组成,如图 9-5 所示。

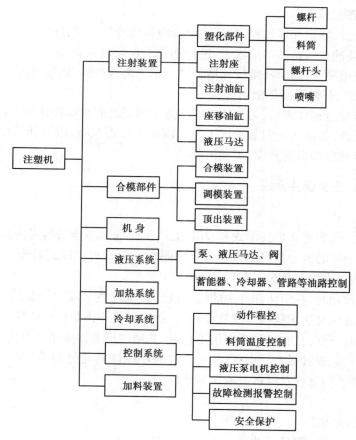

图 9-5　注塑机结构组成示意图

9.1.3　注塑机的工作原理

注塑机工作是由合模、注射装置进、注射、保压、冷却、注射装置退、预塑、防延及开模等基

191

本过程组成。

（1）合模过程

合模油缸中的压力油推动锁模机构动作，动模板移动使模具闭合。其中，模具首先以低压、高速闭合；当动模板即将接近定模板时，再切换成低速、低压闭合（即模具保护工况）；在确认模具内无异物存在时，再切换成高压（锁模力），并将模具锁紧。

（2）注射装置进和射料过程

模具以锁模力锁紧后，注射装置进工况使喷嘴和模具贴合。注射电磁阀通电后，注射油缸充入压力油，推动与该油缸活塞杆相联接的螺杆，并按照分等级的压力和速度将料筒内的熔料注入锁紧的模腔内。

（3）保压过程

熔料在充填模腔过程中直至充填满后，要求螺杆仍对熔料保持一定的压力，以防止模具中的熔料回流；同时，施加保压压力，以便向模腔内补充制品冷却收缩所需的物料，避免塑料制品产生缩孔等缺陷。

（4）冷却和预塑过程

一旦浇口封死后，取消保压过程，制品在模具内自然冷却定型；同时，驱动预塑油马达使螺杆转动，将来自料斗的粒状塑料向前输送，进行塑化。在原料塑化达到预定计量值后，为了防止已熔化的塑料溢出喷嘴，需要将螺杆向后移动一定距离，即进行防延处理。

（5）注射装置退、开模及制品顶出过程

预塑计量及防延过程结束后，为了使喷嘴不至于因长时间和冷模接触而形成冷料等，通常需要将喷嘴撤离模具，即进入注射装置退工况。该动作是否执行，以及执行的先后程序，可供选择。一般制品冷却定型后就开模，并顶出制品。

9.1.4 注塑机主要部件介绍

（1）注射装置

目前，常见的注塑装置有单缸形式和双缸形式，都是通过液压马达直接驱动螺杆注塑。因不同的厂家、不同型号的机台其组成也不完全相同。下面就对常用的机台作具体分析。注塑装置示意图和结构组成如图 9-6—图 9-8 所示。

工作原理是：预塑时，在塑化部件中的螺杆通过液压马达驱动主轴旋转，主轴一端与螺杆键联接，另一端与液压马达键联接。螺杆旋转时，物料塑化并将塑化好的熔料推到料筒前端的储料室中，与此同时，螺杆在物料的反作用下后退，并通过推力轴承使推力座后退，通过螺母拉动活塞杆直线后退，完成计量。注射时，注射油缸的杆腔进油通过轴承推动活塞杆完成动作，活塞的杆腔进油推动活塞杆及螺杆完成注射动作。

（2）塑化部件

1）塑化部件的类型

塑化部件有柱塞式和螺杆式两种。

螺杆式塑化部件如图 9-9 所示。它主要由螺杆、料筒、喷嘴等组成，塑料在旋转螺杆的连续推进过程中，实现物理状态的变化，最后呈熔融状态而被注入模腔。因此，塑化部件是完成均匀塑化，实现定量注射的核心部件。

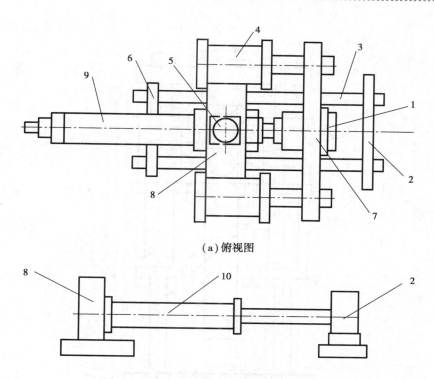

（a）俯视图

（b）注射座与导杆支座间的平视图

图 9-6　卧式机双缸注射注塑装置示意图

1—油压马达；2,6—导杆支座；3—导杆；4—注射油缸；5—加料口；
7—推力座；8—注射座；9—塑化部件；10—座移油缸

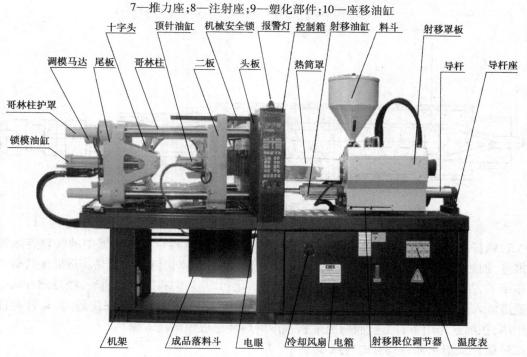

图 9-7　注塑机的结构组成

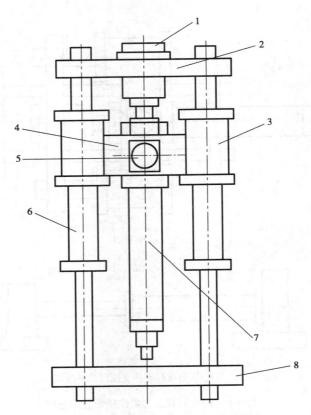

图9-8　立式注塑机注射装置示意图

1—马达;2—推力座;3—注射油缸;4—注射座;5—加料口;
6—座移油缸;7—塑化部件;8—上范本

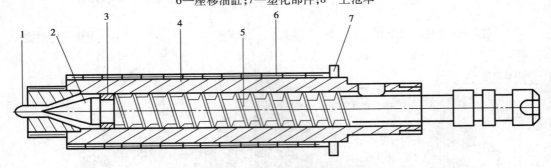

图9-9　螺杆式塑化部件结构图

1—喷嘴;2—螺杆头;3—止逆环;4—料筒;5—螺杆;6—加热圈;7—冷却水圈

2)螺杆式塑化部件的工作原理:预塑时,螺杆旋转,将从料口落入螺槽中的物料连续地向前推进,加热圈通过料筒壁把热量传递给螺槽中的物料,固体物料在外加热和螺杆旋转剪切双重作用下,并经过螺杆各功能段的热历程,达到塑化和熔融,熔料推开止逆环,经过螺杆头的周围通道流入螺杆的前端,并产生背压,推动螺杆后移完成熔料的计量。在注射时,螺杆起柱塞的作用,在油缸作用下,迅速前移,将储料室中的熔体通过喷嘴注入模具。

3)螺杆式塑化部件具有的特点

①螺杆具有塑化和注射两种功能。

②螺杆在塑化时,仅作预塑用。

③塑料在塑化过程中,所经过的热历程要比挤出长。

④螺杆在塑化和注射时,均要发生轴向位移,同时螺杆又处于时转时停的间歇式工作状态,因此形成了螺杆塑化过程的非稳定性。

4)螺杆

螺杆是塑化部件中的关键部件,与塑料直接接触,塑料通过螺槽的有效长度,经过很长的热历程,要经过3态(玻璃态、黏弹态和黏流态)的转变,螺杆各功能段的长度、几何形状、几何参数将直接影响塑料的输送效率和塑化质量,将最终影响注射成型周期和制品质量。

与挤出螺杆相比,注塑螺杆具有以下特点:

①注射螺杆的长径比和压缩比比较小。

②注射螺杆均化段的螺槽较深。

③注射螺杆的加料段较长,而均化段较短。

④注射螺杆的头部结构,具有特殊形式。

⑤注射螺杆工作时,塑化能力和熔体温度将随螺杆的轴向位移而改变。

5)螺杆的分类

注塑螺杆按其对塑料的适应性,可分为通用螺杆和特殊螺杆。通用螺杆又称常规螺杆,可加工大部分具有低、中黏度的热塑性塑料。结晶型和非结晶型的民用塑料和工程塑料是螺杆最基本的形式,与其相应的还有特殊螺杆,是用来加工用普通螺杆难以加工的塑料;按螺杆结构及其几何形状特征,可分为常规螺杆和新型螺杆。常规螺杆又称为三段式螺杆,是螺杆的基本形式。新型螺杆形式则有很多种,如分离型螺杆、分流型螺杆、波状螺杆及无计量段螺杆等。

常规螺杆其螺纹有效长度通常分为加料段(输送段)、压缩段(塑化段)、计量段(均化段)。根据塑料性质不同,可分为渐变型、突变型和通用型螺杆。

①渐变型螺杆:压缩段较长,塑化时能量转换缓和,多用于 PVC 等热稳定性差的塑料。

②突变型螺杆:压缩段较短,塑化时能量转换较剧烈,多用于聚烯烃、PA 等结晶型塑料。

③通用型螺杆:适应性比较强的通用型螺杆,可适应多种塑料的加工,避免更换螺杆频繁,有利于提高生产效率。

6)常规螺杆各段的长度见表9-1。

表9-1　常规螺杆各段的长度

螺杆类型	加料段 L_1	压缩段 L_2	均化段 L_3
渐变型	25% ~30%	50%	15% ~20%
突变型	65% ~70%	15% ~50%	20% ~25%
通用型	45% ~50%	20% ~30%	20% ~30%

7)螺杆的基本参数

螺杆的基本结构如图9-10所示。它主要由有效螺纹长度 L 和尾部的联接部分组成。

①螺杆外径 d_s

螺杆直径直接影响塑化能力的大小,也就直接影响理论注射容积的大小。因此,理论注射容积大的注塑机其螺杆直径也大。

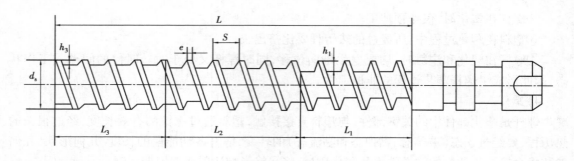

图 9-10　螺杆的基本结构

②螺杆长径比 L/d_s

L 是螺杆螺纹部分的有效长度,螺杆长径比越大,说明螺纹长度越长,直接影响物料在螺杆中的热历程,影响吸收能量的能力。能量来源有两部分:一部分是料筒外部加热圈传给的;另一部分是螺杆转动时产生的摩擦热和剪切热,由外部机械能转化的。因此,L/d_s 直接影响物料的熔化效果和熔体质量。但是,如果 L/d_s 太大,则传递扭矩加大,能量消耗增加。

③加料段长度 L_1

加料段又称输送段或进料段,为提高输送能力,螺槽表面一定要光洁,L_1 的长度应保证物料有足够的输送长度,因为过短的 L_1 会导致物料过早地熔融,从而难以保证稳定压力的输送条件,也就难以保证螺杆以后各段的塑化质量和塑化能力。塑料在其自身重力作用下从料斗中滑进螺槽,螺杆旋转时,在料筒与螺槽组成的各推力面摩擦力的作用下,物料被压缩成密集的固体塞螺母,沿着螺纹方向作相对运动,在此段,塑料为固体状态,即玻璃态。

④加料段的螺槽深度 h_1

h_1 深,则容纳物料多,提高了供料量和塑化能力,但会影响物料塑化效果及螺杆根部的剪切强度,一般 $h_1 \approx (0.12 \sim 0.16)d_s$。

⑤熔融段长度 L_3

熔融段又称均化段或计量段,熔体在 L_3 段的螺槽中得到进一步的均化,温度均匀,组分均匀,形成较好的熔体质量,L_3 长度有助于熔体在螺槽中的波动,有稳定压力的作用,使物料以均匀的料量从螺杆头部挤出,故又称计量段。L_3 短时,有助于提高螺杆的塑化能力,一般 $L_3 = (4 \sim 5)d_s$。

⑥熔融段螺槽深度 h_3

h_3 小,螺槽浅,提高了塑料熔体的塑化效果,有利于熔体的均化。但 h_3 过小,会导致剪切速率过高,以及剪切热过大,引起分子链的降解,影响熔体质量;反之,如果 h_3 过大,由于预塑时,螺杆背压产生的回流作用增强,会降低塑化能力。

⑦塑化段(压缩段)螺纹长度 L_2

物料在此锥形空间内不断地受到压缩、剪切和混炼作用,物料从 L_2 段入点开始,熔池不断地加大,到出点处熔池已占满全螺槽,物料完成从玻璃态经过黏弹态向黏流态的转变,即此段,塑料是处于颗粒与熔融体的共存状态。L_2 的长度会影响物料从玻璃态到黏流态的转化历程,太短会来不及转化,固料堵在 L_2 段的末端形成很高的压力、扭矩或轴向力;太长则会增加螺杆的扭矩和不必要的消耗,一般 $L_2 = (6 \sim 8)d_s$。对于结晶型的塑料,物料熔点明显,熔融范围窄,L_2 可短些,一般为 $(3 \sim 4)d_s$,对于热敏性塑料,此段可长些。

⑧螺距 S

其大小影响螺旋角,从而影响螺槽的输送效率,一般 $S \approx d_s$。

⑨压缩比 ε

$\varepsilon = h_1/h_3$,即加料段螺槽深度 h_1 与熔融段螺槽深度 h_3 之比。ε 大,会增强剪切效果,但会减弱塑化能力,一般来说,ε 稍小一点为好,以有利于提高塑化能力和增加对物料的适应性。对于结晶型塑料,压缩比一般取 $2.6 \sim 3.0$。对于低黏度热稳定性塑料,可选用高压缩比;而高黏度热敏性塑料,应选用低压缩比。

8)螺杆头

在注射螺杆中,螺杆头的作用是:预塑时,能将塑化好的熔体放流到储料室中,而在高压注射时,又能有效地封闭螺杆头前部的熔体,防止倒流。注射螺杆头的形式与用途见表9-2。

表9-2　注射螺杆头形式与用途

形　　式		结构图	特征与用途
无止逆环型	尖头形		螺杆头锥角较小或有螺纹,主要用于高黏度或热敏性塑料
	钝头形		头部为"山"字形曲面,主要用于成型透明度要求高的 PC,AS,PMMA 等塑料
有止逆环型	环形	止逆环	止逆环为一光环,与螺杆有相对转动,适用于中、低黏度的塑料
	爪形	爪形止逆环	止逆环内有爪,与螺杆无相对转动,可避免螺杆与环之间的熔料剪切过热,适用于中、低黏度的塑料
	销钉形	销钉	螺杆头颈部钻有混炼销,适用于中、低黏度的塑料
	分流形		螺杆头部开有斜槽,适用于中、低黏度的塑料

螺杆头分为两大类:带止逆环的和不带止逆环的。对于带止逆环的,预塑时,螺杆均化段的熔体将止逆环推开,通过与螺杆头形成的间隙,流入储料室中,注射时,螺杆头部的熔体压力形成推力,将止逆环退回流道封堵,防止回流。

对于有些高黏度物料如 PMMA,PC,AC 或者热稳定性差的物料 PVC 等,为减少剪切作用和物料的滞留时间,可不用止逆环,但这样的注射时会产生反流,延长保压时间。

对螺杆头的要求如下:

①螺杆头要灵活、光洁。

②止逆环与料筒配合间隙要适宜,既要防止熔体回流,又要灵活。

③既有足够的流通截面,又要保证止逆环端面有回程力,使在注射时快速封闭。

④结构上应拆装方便,便于清洗。

⑤螺杆头的螺纹与螺杆的螺纹方向相反,防止预塑时螺杆头松脱。

9)料筒

①料筒的结构

料筒是塑化部件的重要零件,内装螺杆外装加热圈,承受复合应力和热应力的作用。其结构如图 9-11 所示。

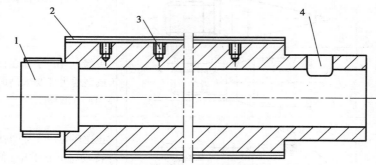

图 9-11　料筒结构

1—前料筒;2—电热圈;3—螺孔;4—加料口

螺孔 3 装热电偶,要与热电偶紧密地接触,防止虚浮,否则会影响温度测量精度。

②加料口

加料口的结构形式直接影响进料效果和塑化部件的吃料能力。注塑机大多数靠料斗中物料的自重加料,常用的进料口截面形式如图 9-12 所示。对称形料口如图 9-12(a)所示,制造简单,但进料不利;现多用非对称形式,如图 9-12(b)、(c)所示。此种进料口由于物料与螺杆的接触角大,接触面积大,有利于提高进料效率,不易在料斗中开成架桥空穴。

③料筒的壁厚

料筒壁厚要求有足够的强度和刚度,因为料筒内要承受熔料和气体压力,且料筒长径比很大,料筒要求有足够的热容量,所以料筒壁要有一定的厚度,否则难以保证温度的稳定性;但如果太厚,料筒笨重,浪费材料,热惯性大,升温慢,温度调节有较大的滞后现象。

④料筒间隙

料筒间隙是指料筒内壁与螺杆外径的单面间隙,此间隙太大,塑化能力降低,注射回泄量增加，注射时间延长，在此过程中引起物料部分降解；如果太小，热膨胀作用使螺杆与料筒摩擦加剧，能耗加大，甚至会卡死，此间隙 $\Delta = (0.002 \sim 0.005) d_s$。

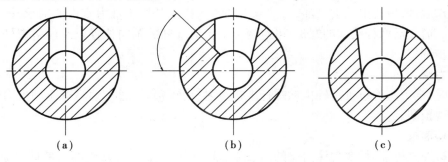

图9-12　加料口结构形式图

⑤料筒的加热与冷却

注塑机料筒加热方式有电阻电热、陶瓷加热、铸铝加热，应根据使用场合和加工物料合理设置。常用的有电阻加热和陶瓷加热。为符合注塑工艺要求，料筒要分段控制，小型机3段，大型机一般5段。

冷却是指对加料口处进行冷却，因加料口处若温度过高，固料会在加料口处"架桥"，堵塞料口，从而影响加料段的输送效率，故在此处设置冷却水套对其进行冷却。常见是通过冷却循环水对加料口进行冷却的。

10）喷嘴

①喷嘴的功能

a. 喷嘴是连接塑化装置与模具流道的重要部件，喷嘴有多种功能。

b. 预塑时，建立背压，驱除气体，防止熔体流涎，提高塑化能力和计量精度。

c. 注射时，与模具主浇套形成接触压力，保持喷嘴与浇套良好接触，形成密闭流道，防止塑料熔体在高压下外溢。

d. 注射时，建立熔体压力，提高剪切应力，并将压力头转变成速度头，提高剪切速度和温升，加强混炼效果和均化作用。

e. 改变喷嘴结构使之与模具和塑化装置相匹配，组成新的流道形式或注塑系统。

f. 喷嘴还承担着调温、保温和断料的功能。

g. 减小熔体在进出口的黏弹效应和涡流损失，以稳定其流动。

h. 保压时，便于向模具制品中补料，而冷却定型时增加回流阻力，减小或防止模腔中熔体向回流。

②喷嘴的基本形式

喷嘴可分为直通式喷嘴、锁闭式喷嘴、热流道喷嘴及多流道喷嘴。现阶段常见用的都是直通式喷嘴。

直通式喷嘴是应用较普遍的喷嘴，其特点是喷嘴球面直接与模具主浇套球面接触，喷嘴的圆弧半径和流道比模具要小。注射时，高压熔体直接经模具的浇道系统充入模腔，速度快、压力损失小，制造和安装均较方便。

锁闭式喷嘴主要是解决直通式喷嘴的流涎问题，适用于低黏度聚合物（如PA）的加工。在预塑时能关闭喷嘴流道，防止熔体流涎现象，而当注射时又能在注射压力的作用下开启，使熔体注入模腔。

③注射油缸

其工作原理是：注射油缸进油时，活塞带动活塞杆及其置于推力座内的轴承，推动螺杆前进或后退。通过活塞杆头部的螺母，可对两个平行活塞杆的轴向位置以及注射螺杆的轴向位置进行同步调整。

④推力座

注射时，推力座通过推力轴推动螺杆进行注射；而预塑时，通过油马达驱动推力轴带动螺杆旋转实现预塑。

⑤座移油缸

当座移油缸进油时，实现注射座的前进或后退动作，并保证注塑喷嘴与模具主浇套圆弧面紧密地接触，产生能封闭熔体的注射座压力。

⑥对注射部件精度要求

装配后，整体注射部件要置于机架上，必须保证喷嘴与模具主浇套紧密地接合，以防溢料，要求使注射部件的中心线与其合模部件的中心线同心；为了保证注射螺杆与料筒内孔的配合精度，必须保证两个注射油缸孔与料筒定位中心孔的平行度与中心线的对称度；对卧式机来说，座移油缸两个导向孔的平行度和对其中心的对称度也必须保证，对立式机则必须保证两个座移油缸孔与料筒定位中心孔的平行度与中心线的对称度。影响上述位置精度的因素是相关联部件孔与轴的尺寸精度、几何精度、制造精度及装配精度。

 模具知识小词典

注塑产品常用材料——聚酰胺

聚酰胺（PA，俗称尼龙）是美国 DuPont 公司最先开发用于纤维的树脂（见图 9-13），于 1939 年实现工业化。20 世纪 50 年代开始开发和生产注塑制品，以取代金属满足下游工业制品轻量化、降低成本的要求。聚酰胺主链上含有许多重复的酰胺基，用作塑料时称尼龙，用作合成纤维时则称为锦纶。

（1）聚酰胺的特性

聚酰胺 PA 具有良好的综合性能，包括力学性能、耐热性、耐磨损性、耐化学药品性及自润

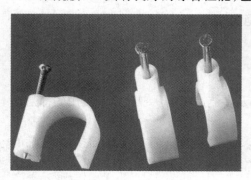

图 9-13　聚酰胺（PA 尼龙）

滑性，且摩擦系数低，有一定的阻燃性，易于加工，适于用玻璃纤维和其他填料填充增强改性，提高性能和扩大应用范围。PA 的品种繁多，有 PA6，PA66，PA11，PA12，PA46，PA610，PA612，PA1010 等，以及近几年开发的半芳香族尼龙 PA6T 和特种尼龙等很多新品种。尼龙-6 塑料制品可采用金属钠、氢氧化钠等为主催化剂，N-乙酰基己内酰胺为助催化剂，使 δ-己内酰胺直接在模型中通过负离子开环聚合而制得，称为浇注尼龙。用这种方法便于制造大型塑料制件。

（2）主要用于合成纤维

聚酰胺 PA 主要用于合成纤维，其最突出的优点是耐磨性高于其他所有纤维，比棉花耐磨性高 10 倍，比羊毛高 20 倍。在混纺织物中稍加入一些聚酰胺纤维，可大大提高其耐磨性；当拉伸至 3%～6% 时，弹性回复率可达 100%；能经受上万次折挠而不断裂。聚酰胺纤维的强度比棉花高 1～2 倍、比羊毛高 4～5 倍，是黏胶纤维的 3 倍。但聚酰胺纤维的耐热性和耐光性较差，保持性也不佳，做成的衣服不如涤纶挺括。另外，用于衣着的锦纶-66 和锦纶-6 都存在吸湿性和染色性差的缺点，为此开发了聚酰胺纤维的新品种——锦纶-3 和锦纶-4 的新型聚酰胺纤维，具有质轻、防皱性优良、透气性好以及良好的耐久性、染色性和热定型等特点，故被认为是很有发展前途的。

（3）代替铜等金属

由于聚酰胺具有无毒、质轻、优良的机械强度、耐磨性及较好的耐腐蚀性，因此广泛应用于代替铜等金属在机械、化工、仪表、汽车等工业中制造轴承、齿轮、泵叶及其他零件。聚酰胺熔融纺成丝后有很高的强度，主要做合成纤维并可作为医用缝线。很多模具上都会利用尼龙作为材料。

 学习巩固

一、填空题

1. 注塑机按合模部件与注射部件配置的形式，可分为_____、_____、_____及微型卧式（学校专用）4 种。

2. 塑化部件有_____和_____两种。其中，螺杆式塑化部件主要由_____、料筒、喷嘴等组成。

3. 聚酰胺（PA，俗称_____）是_____DuPont 公司最先开发用于纤维的_____，于_____年实现工业化。

4. 注射油缸工作原理是：_____进油时，活塞带动_____及其置于推力座内的轴承，推动螺杆前进或后退。通过_____的螺母，可对两个平行活塞杆的_____以及注射螺杆的轴向位置进行_____。

5. 喷嘴是连接_____与_____的重要部件。

6. 常规螺杆其螺纹有效长度通常分为_____、_____和计量段（均化段）。根据塑料性质不同，可分为_____、_____和_____螺杆。

7. 常见的注塑装置有_____形式和_____形式。

8. 注塑机根据注射成型工艺要求是一个_____很强的机种，主要由_____、合模部件、_____、_____、液压系统、_____、控制系统、_____等组成。

9. 喷嘴可分为_____喷嘴、_____喷嘴、_____喷嘴及_____喷嘴。现阶段通用的都是直通式喷嘴。

10. 注塑机料筒加热方式有_____、陶瓷加热、_____，应根据使用场合和加工物料合理设置，常用的有电阻加热_____和_____，为符合注塑工艺要求，料筒要分段控制，小型机_____段，大型机一般_____段。

11. 微型卧式注塑机是专门为_____设计的，它的结构基本与_____一样，工作原理和操作基本一致,它的优点是_____、工作平稳、模具安装、_____均较方便,模具开档大,占用空间高度小;占地面积比较小,_____时广泛应用。

12.注塑机工作是由_____、_____、_____、_____、_____、预塑、防延、_____等基本过程组成。

二、看图填空题

请正确填写如图9-14所示螺杆式塑化部件的各部件名称,并简述其工作原理。

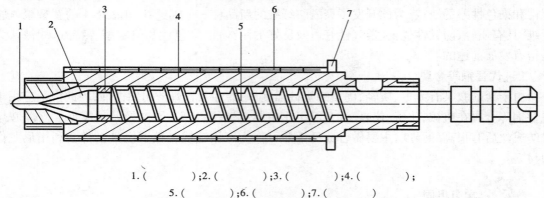

1.(　　　　);2.(　　　　);3.(　　　　);4.(　　　　);
5.(　　　　);6.(　　　　);7.(　　　　)

图9-14　螺杆式塑化部件的各部件名称

螺杆式塑化部件的工作原理是:

_____

_____

_____

_____

_____

三、填表题

正确填写表9-3注射螺杆头的特征与用途。

表9-3　注射螺杆头的特征与用途

形　式		结构图	特征与用途
无止逆环型	尖头形		
	钝头形		

续表

形　式		结构图	特征与用途
有止逆环型	环形	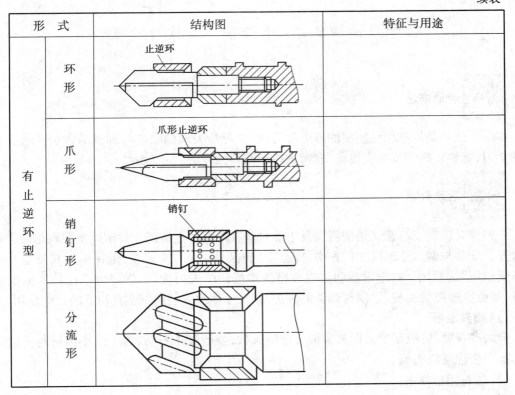	
	爪形		
	销钉形		
	分流形		

四、名称解释

1. 座移油缸

2. 料筒

五、简述题

1. 简述注塑机的工作原理。

2. 简述注塑机注射装置的工作原理。

3. 简述卧式注塑机的特点。

4. 螺杆式塑化部件有哪些特点？

5. 注塑机对螺杆头有哪些要求？

学习活动 9.2　哈夫模的安装与调试

活动描述

本学习活动是以典型注塑模的哈夫模为例,学习哈夫模的安装与调试的方法。通过本活动的学习,能够正确掌握哈夫模的安装、试模和调整的方法。

活动分析

注塑模具的安装与调试是指将模具正确安装在匹配的注塑机上并调试至塑料制件合格的全过程。安装与调试注塑模的过程中,应遵守"确保操作者人身安全,确保模具和设备在调试中不受损坏"的原则。本学习活动是以典型注塑模的哈夫模为例,学习训练注塑模的安装与调试,掌握注塑模的安装、试模与调整的方法,以及注塑模安装调试工具用品的正确使用。

(1)模具准备

分组准备模具:根据模具拆装实训安排的人数,一般按 4~6 人为一个小组进行分组。每组准备一套注塑哈夫模。

(2)工具用品准备

须准备的工具用品有铜棒、锤子、垫块、压板、内六角扳手 1 套、紧固螺栓、活动扳手、塑料周转箱、防护眼镜、防护工作服、防护手套、百分表、磁力表座、塞尺等。

(3)分组活动准备

1)分组安排

根据学习人数分组,以 4~6 人一组为最佳,每组选出一名组长,同组人员分工负责安装、试模、调整、检验、观察、记录总结等活动任务。

2)工具领用管理

以小组为单位,组长负责领用并清点模具安装调试所用的工量具、防护用品等,熟悉工量具的正确使用方法与使用要求。实训结束时,按清单清点工量具,待指导教师验收无误才能下课。

3)学习遵守安全操作规程

模具安装调试实训是模具专业重要的实训环节。实训前,要求学生认真学习模具安装调试安全操作规程。实训时,认真管理学生,严格执行安全操作规程,树立安全理念、强化安全意识。

知识链接

9.2.1　注塑机维护保养规程

注塑机定期保养的好坏直接影响注塑机的使用寿命和工作效率。为增加功效,每日运行 24 h,累计工作高达 7 000 h,是一般机械设备的 2~3 倍,故定期维护与保养显得尤其重要。

（1）**每日保养（操作工）**

①电器、机械各元件及装置有无松动。

②喷嘴中心是否准确，进时是否有晃动。

③电器箱内的各元件及接触端子是否牢靠。

④冷却水是否顺畅，水量是否充足。

⑤人柱、曲手、活动铰臂及下方的滑道等处保持清洁。

⑥确保整机水、油路无滴、漏。

⑦自动润滑系统的检查。

⑧填写检查记录。

（2）**每周保养（机修人员）**

①各个机械部件的清洁、整理，有松动的螺钉等锁紧。

②各个液压部件的清洁、整理，滴、漏之处加紧或换密封圈。

③各个电器元件的清洁、整理，有损坏的、异常响声的应更换或修复。

④各油脂填注点加注油脂（射移导杆、塑化马达、调模齿轮（链条）等）。

⑤清理料斗内磁力架。

⑥按要求填写保养记录。

（3）**每月保养（班长、保全员、操作工）**

①清除各润滑部件的残油，使整机保持清洁。

②对 4 根哥林柱的平衡做效定，以免锁模铰链过度磨损。

③对射台各部件做检查，确保两注射缸同步。

④检查地线是否安全可靠。

⑤对各个机械结构螺母——锁紧。

⑥确保自动润滑系统是否到达每一个指定润滑点。

⑦油箱内的油位要保持在油位计上的标准。

（4）**每年保养（车间主任、机修人员、班长、保全员、操作工）**

①检查螺杆组是否有磨损、损坏，如有异常应采取措施。

②锁模销轴有无磨损，查出原因并采取措施。

③清洗油箱的滤网及油箱。

④润滑系统的大检查：有无油管脱落，有无不通油的点。

⑤各油管、阀体、法兰、接头有无跑、漏现象。如有，应及时解决。

⑥电器、液压、机械保护装置是否安全可靠。

⑦机台的系统压力、流量有无偏移，电子尺是否控制准确，仪表是否有误差。

（5）**机台安全装置的检查（操作工）**

①每天检查安全门（前、后）的行程开关是否正常有效。

②每天检查紧急停车开关（前、后）是否正常有效。

9.2.2　微型卧式注塑机（培训、教学专用）安全操作规程

①开机前，必须检查电箱门、安全门及机床门是否关好，各气路元件是否有破裂或脱落松动现象。严禁拆下安全护罩或是在安全开关失效情况下操作机器。

②开机前,须检查水箱中水位是否符合要求,过低易造成冷却效果差或冷却失效。

③连接电源必须规定电压为 220 V 且有良好的接地,连接气源气压值必须为 0.3 ~ 0.8 Pa。

④必须使用规定的塑胶原料如 ABS,PP,PE 等。建议使用 PE 料。

⑤塑胶原料确保无任何杂物、设备进料口严禁异物掉进。

⑥使用时,必须将模具正确的安装在注塑机上。装模时,应注意模具基准角,应按照相应基准安装。模具的码模槽应于机器的挡条凹槽对齐平放入。

⑦进入动作模式后,在点击"加温"按钮前必须点击"水泵"按钮,开启冷却水泵,否则机器温度过高可能造成机器的损坏。

⑧机器熔胶部分在运行中,需高温运作,切勿用手触摸;易燃、易溶物品不得与其接触。

⑨机床运行中,锁模、射胶区域有高压、高温,请不要将手或其他物品放入该区域,以免造成人员伤害及设备严重损坏。

⑩在工作中,当机床发生故障或有不正常声响时应立即切断电源。为避免机床损毁,请不要超出其使用范围。

⑪开模停机前,须点击"射胶后退"按钮,使射座退后,保证料管的喷嘴不碰触模具。使用完毕后,应切断电源和机床开关,并做好机床保养和卫生工作。禁止使用易燃腐蚀清洁剂擦洗机床。

⑫学员须在老师的指导下进行操作,要求操作规范、轻重适度。

⑬操作现场严禁打闹、喧笑。

9.2.3 注塑哈夫模的工作过程

注塑哈夫模的工作过程如图 9-15 所示。

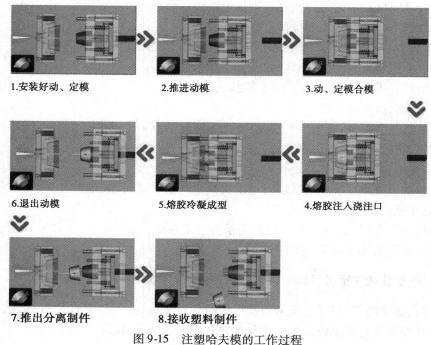

图 9-15 注塑哈夫模的工作过程

9.2.4　注塑产品缺陷、产生原因及解决办法

注塑产品缺陷、产生原因及解决办法见表 9-4。

表 9-4　注塑产品缺陷、产生原因及解决办法

产品缺陷	产生原因	解决办法
表面斑点及黑线	1. 料管或螺杆有存料 2. 模具润滑剂选择不当 3. 原料有杂质 4. 注塑速度过快 5. 使用增压注射时增压压力增大, 时间过长 6. 模具排气孔堵塞或过小 7. 工艺过程中温度过高	1. 清干净料管或螺杆的存料 2. 选择耐温及无色的模具润滑剂 3. 选择干净、纯正的塑料 4. 调整好注塑射速度 5. 适当调整增压注射时增压压力及缩短其时间 6. 清通被堵塞的模具排气孔, 或适当增大其排气孔 7. 适当降低工艺过程中的温度
色差	1. 熔解塑料的温度过高 2. 颜料粒度过粗 3. 未清理干净上次加工给料装置及螺杆、料管 4. 工艺过程一个循环的时间过长 5. 螺杆送料段冷却不足 6. 螺杆止回环损坏或磨损 7. 模具的排气孔过小	1. 降低塑料的温度 2. 使颜料粒度变细 3. 清理干净上次加工给料装置及螺杆、料管 4. 尽量缩短循环时间 5. 检查送料段的冷却, 调至合理 6. 更换螺杆止回环 7. 适当加大模具的排气孔
收缩	1. 注射力不足 2. 保压时间过短 3. 塑料熔融温度过高 4. 注塑速度不足 5. 浇口设计不当	1. 适当调高注射力 2. 增加保压时间 3. 降低塑料熔融温度 4. 调整注射速度 5. 改大太厚部分浇口尺寸或改变入料浇口
气孔或斜纹	1. 原料干燥不足 2. 原料熔融温度过高 3. 模具温度过高 4. 保压时间过短, 压力过小 5. 注射速度过快 6. 射嘴速度过高 7. 背压不足 8. 模具冷却水道与流道有渗漏	1. 对原料实行彻底干燥 2. 适当降低塑料熔融温度 3. 适当降低射嘴温度 4. 增加保压时间, 增大压力 5. 适当降低注射速度 6. 适当降低射嘴速度 7. 调整背压 8. 修补渗漏

续表

产品缺陷	产生原因	解决办法
变形	1. 冷却时间不足 2. 注射速度过低 3. 模具顶针设计不当	1. 增加冷却时间 2. 降低塑料熔融 3. 熔融增加或改变顶针位置
熔接线痕或分层	1. 模具温度过低 2. 注射速度过低 3. 原料或料管不干净 4. 背压不足 5. 注塑压力不足 6. 原料干湿程度不正确	1. 适当增加模具温度 2. 降低塑料熔融温度 3. 清理干净塑料或机筒的杂物 4. 调整背压 5. 调整注射压力 6. 正确处理塑料干湿程度
毛边	1. 模具内的塑料温度过高 2. 注射压力过大或时间过长 3. 模具结合面有污物 4. 模板平行度不够 5. 模具密合度不够 6. 锁模力不够	1. 适当降低模具内的塑料温度 2. 降低注射力或时间 3. 清除模具结合面的污物 4. 调整模板的平行度 5. 重新校正模具 6. 增加锁模力
变脆易折断	1. 塑料温度过高且停留时间过长 2. 原料不纯或粒度过大 3. 原料干燥不足	1. 适当降低塑料温度并缩短停留时间 2. 选择纯度高及粒度适合的原料 3. 彻底干燥原料

活动实施

（1）教师示范演示

通过教师示范演示，指导学生理解典型注塑哈夫模的试模过程。

典型注塑哈夫模的试模过程如图 9-16 所示。

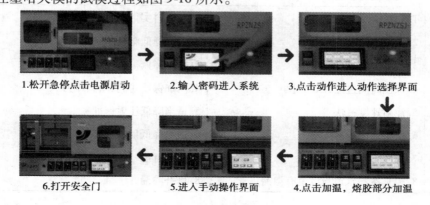

1. 松开急停点击电源启动 → 2. 输入密码进入系统 → 3. 点击动作进入动作选择界面

↓

6. 打开安全门 ← 5. 进入手动操作界面 ← 4. 点击加温，熔胶部分加温

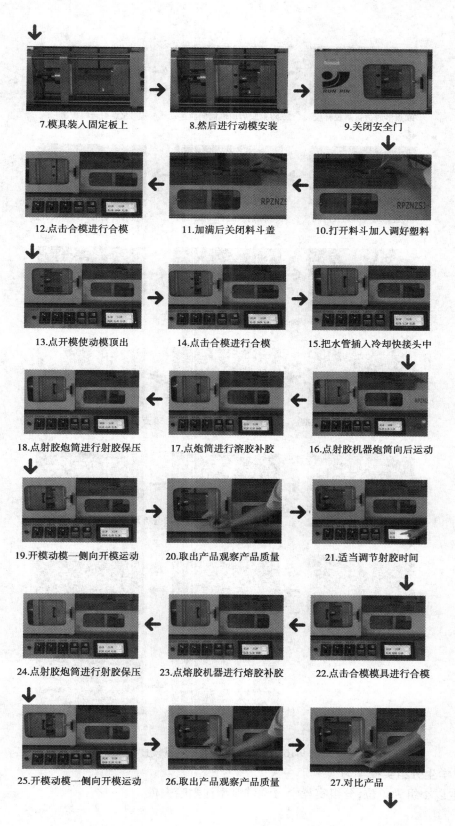

7.模具装入固定板上

8.然后进行动模安装

9.关闭安全门

12.点击合模进行合模

11.加满后关闭料斗盖

10.打开料斗加入调好塑料

13.点开模使动模顶出

14.点击合模进行合模

15.把水管插入冷却快接头中

18.点射胶炮筒进行射胶保压

17.点炮筒进行溶胶补胶

16.点射胶机器炮筒向后运动

19.开模动模一侧向开模运动

20.取出产品观察产品质量

21.适当调节射胶时间

24.点射胶炮筒进行射胶保压

23.点熔胶机器进行熔胶补胶

22.点击合模模具进行合模

25.开模动模一侧向开模运动

26.取出产品观察产品质量

27.对比产品

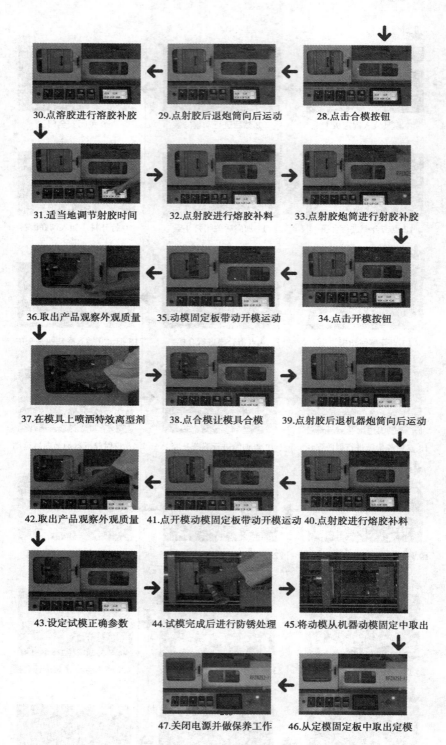

30.点溶胶进行溶胶补胶　29.点射胶后退炮筒向后运动　28.点击合模按钮

31.适当地调节射胶时间　32.点射胶进行熔胶补料　33.点射胶炮筒进行射胶补胶

36.取出产品观察外观质量　35.动模固定板带动开模运动　34.点击开模按钮

37.在模具上喷洒特效离型剂　38.点合模让模具合模　39.点射胶后退机器炮筒向后运动

42.取出产品观察外观质量　41.点开模动模固定板带动开模运动　40.点射胶进行熔胶补料

43.设定试模正确参数　44.试模完成后进行防锈处理　45.将动模从机器动模固定中取出

47.关闭电源并做保养工作　46.从定模固定板中取出定模

图 9-16　典型注塑哈夫模的试模过程

（2）学生分组实操学习

学生以小组为单位，分组实操学习调试典型注塑哈夫模。

1）规范着装检查

各小组组长首先对小组成员的着装是否规范进行检查,并将检测结果填入表9-5中。

表9-5　规范着装检查表

检查项目	记　录
工作服穿好了吗	是□　否□
身上的饰物摘掉了吗	是□　否□
穿的鞋子是否防滑、防扎、防砸	是□　否□
正确戴好工作帽和防护眼镜了吗	是□　否□
女生把长发盘起并塞入工作帽内了吗	是□　否□

2）正确调试典型注塑哈夫模

小组分工协作,正确调试典型注塑哈夫模,并按表9-6填写试模步骤。指导教师要巡视学生试模的全过程,发现模具调试过程中不规范的姿势及方法要及时予以纠正。

表9-6　典型注塑哈夫模的试模步骤

工　序	工　步	操作步骤内容	选用工具

3）学习成果展示

以小组为单位展示学习成果,每小组须选派代表把小组学习情况现场向师生介绍展示。

4）"6S"场室清理

①调试后的模具须正确保养、整齐摆放回原处。

②试模结束,按注塑机维护保养规范做好注塑机保养工作。

③安装调试用工具须擦拭干净放回工具箱(盒)。

④做好场室清洁卫生工作。

5）学习评价

按注塑模具安装与调试学习评价表9-7对学生学习情况进行评价。

各小组须对小组成员的学习情况给出小组评价成绩;各小组须根据小组介绍展示的学习情况,给出小组互评成绩;教师须根据学生现场学习表现和小组学习成果展示,给出教师评价成绩。

表 9-7　注塑模具安装与调试学习评价表

班级			小　组			姓　名			
序号	评价内容	分　值		评价标准		评定成绩			合　计
						小组评价 20%	小组互评 20%	教师评价 60%	
1	认识模具结构	5		每错一项扣分2分					
2	工作准备	10		总体情况评分					
3	正确安装模具	15		每错一项扣2分					
4	试模步骤正确无误	15		每错一项扣2分					
5	正确判断制件缺陷	10		每错一项扣2分					
6	调整模具至制件合格	15		每错一项扣2分					
7	工具用品正确选用和操作	10		总体情况评分					
8	"6S"场室清理	10		总体情况评分					
9	安全文明生产	10		总体情况评分					
总评成绩									
学习记录：									

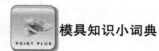 **模具知识小词典**

注塑产品常用材料——透明低密度聚乙烯

低密度聚乙烯（LDPE）是一种塑料材料（见图 9-17），英文名称为 low density polyethylene。它适合热塑性成型加工的各种成型工艺，成型加工性好。LDPE 主要用途是作薄膜产品，还用于注塑制品、医疗器具、药品和食品包装材料及吹塑中空成型制品等。

图 9-17　低密度聚乙烯

学习巩固

一、问答题

1. 你在调试模具的过程中是否每个安全事项和步骤都做好了？请列出没有做好的地方和原因。

_____

_____

_____

_____

_____

2. 注塑哈夫模的工作过程是什么？

_____

_____

_____

_____

二、填空题

1. 注塑产品出现表面斑点及黑线缺陷的原因是：料管或螺杆有_____；模具_____选择不当；原料有_____；注塑速度_____；使用增压注射时_____增大,时间_____；模具排气孔_____；工艺过程中_____过高。

2. 注塑产品出现收缩缺陷的原因是：_____不足；_____过短；塑料_____过高；注塑速度_____；_____不当。

3. 注塑产品出现熔接线痕或分层缺陷的原因是：_____过低；注射速度_____；_____不干净；_____不足；_____不足；原料_____不正确。

三、简答题

1. 简述注塑机日保养、周保养、月保养、年保养的内容。

2. 简述哈夫模的安装试模步骤。

四、填表题

正确填写表9-8注塑产品缺陷、产生的原因及解决办法。

表9-8　注塑产品缺陷、产生的原因及解决办法

产品缺陷	产生原因	解决办法
表面斑点及黑线		

续表

产品缺陷	产生原因	解决办法
色差		
收缩		
气孔或斜纹		
变形		
熔接线痕或分层		
毛边		
变脆易折断		

附录
部分参考答案

第1部分　基础篇

学习任务1　模具拆装安全文明生产要求与维护保养

学习活动1.1　模具拆装安全文明生产要求

一、

1. 整理;整顿;清扫;清洁;素养;安全

2. 昂贵;损坏;丢失;降低零件精度

3. 冷作模具钢;冷冲模工作零件(凸模、凹模)

二、

整理 —————————— 形成制度，贯彻到底
整顿 —————————— 清除垃圾，美化环境
清扫 —————————— 安全操作，生命第一
清洁 —————————— 要与不要，一留一弃
素养 —————————— 科学布局，取用快捷
安全 —————————— 养成习惯，以人为本

三、

1. C　2. A　3. C　4. B　5. A

四、

由上往下依次为:B;E;D;A;C

五、(略)

六、上衣袖口:袖口必须把纽扣扣好

鞋子:要求穿戴防砸、防扎、防滑的鞋

防护工具:上岗前,要求把防护工具戴好,如工作帽、防护眼镜等

指甲:要求不留长指甲,注意定期修剪指甲

首饰:要求上岗前,必须把所有首饰摘下

七、(略)

学习活动1.2 模具的正确使用与维护保养

一、

1.有锈蚀或者损伤;一致性

2.防锈油;防锈剂

3.模具型面无异物;模具导板面无异物

4.停止工作;排除故障;装卸

5.合模力调整;推出机构调整;产品取出选择;模具工作状态观察

二、

1. A   2. C   3. B   4. A   5. C

三、(略)

四、(略)

学习任务2   模具拆装常用工具与相关安全操作规程

学习活动2.1   模具拆装常用工具和用品

一、

1.防护工作服   2.长期防锈剂   3.细长吹尘枪   4.手动葫芦   5.多用螺钉旋具   6.液压升降搬运车   7.电动螺钉旋具   8.尖嘴钳   9.防护眼镜   10.橡胶锤   11.风管弹簧管   12.塑料周转箱   13.空气压缩机   14.游标卡尺   15.清洁布   16.内六角扳手   17.套筒扳手   18.铜棒   19.挡圈钳   20.吊环螺钉   21.拔销器   22.液压千斤顶   23.梅花扳手   24.内六角螺钉旋具   25.电动葫芦

二、

1.工欲善其事,必先利其器

2.吊运;拉运模具

3.清洁布

4.安全眼镜;防护面罩

5.千分尺;螺旋测微仪;分厘卡

6.气源动力

7.合成渗透剂;铁锈;腐蚀物;油污

8.锤;橡胶锤;纯铜

9.公制;英制

10.专用防护

11.微变形钢;较大;较复杂;量具;刃具

三、

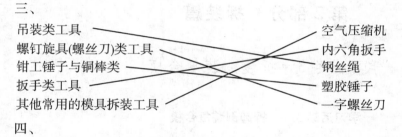

四、

1. 游标卡尺是一种测量长度、内外径、深度的量具。游标卡尺由主尺和附在主尺上能滑动的游标两部分构成。游标卡尺是比较精密的测量工具。

2. 液压千斤顶又称油压千斤顶,是一种采用柱塞或液压缸作为刚性顶举件的千斤顶。构造简单、质量轻、便于携带、移动方便。常用的简单起重设备有液压千斤顶、滑车和卷扬机等。

3. 防护眼镜分为安全眼镜和防护面罩两大类。其作用主要是保护眼睛和面部免受紫外线、红外线和微波等电磁波的辐射,粉尘、烟尘、金属和砂石碎屑以及化学溶液溅射的损伤。

五、(略)

学习活动2.2　模具拆装相关安全操作规程

一、

1. 违章操作

2. 设备运动部位;清除废料;停机

3. 停机切断电源;汇报维修部检修;警告提示标牌

4. 闲聊;脱岗;串岗;睡觉;坐着工作;设备损坏及人身伤害

5. 产品;其他杂物;及时清理;磕碰损坏

6. 交接班记录;产品;道路畅通

7. 防护装置;相应安全措施

8. 机器或设备

9. 手递手;柄部

10. 合模状态

11. 用力过猛;慢慢用力扳松

12. 放在一起;零部件;工具

13. 指定一个负责指挥;安全位置

14. 动作过程;停机

15. 停机;拆卸后到机修车间

16. 两件堆放;超高

17. 塑料;受磨损较大

二、(略)

第2部分　拆装篇

学习任务3　拆装倒装复合模

学习活动 3.1　拆卸倒装复合模

一、

1. 分离;变形;低廉

2. 倒装复合模

3. 落料凹模;冲孔凸模

4. 弹性卸料装置;落料凸模

5. 铁锤;铜锤;胶锤

6. 指导老师;随意操作;损坏模具

二、(略)

三、

1. 塑料周转箱

2. 防护眼镜

3. 防护工作服

4. 内六角扳手

5. 橡胶锤

6. 铜锤

四、(略)

学习活动 3.2　认知倒装复合模的结构

一、

(一)

1. 推件块　2. 成形针垫板螺钉　3. 导套　4. 凹模固定板　5. 上模座　6. 凹模　7. 成形针垫板　8. 定位销　9. 挡料销　10. 导料销　11. 弹簧　12. 固定凹模螺钉　13. 成形顶针　14. 固定上模座螺钉　15. 限位销

(二)

1. 导柱　2. 弹簧　3. 卸料板限位螺钉　4. 下模座　5. 卸料板　6. 凸凹模　7. 凸模固定螺钉

二、

1. T10A

2. 50~55HRC

3. 46~52HRC;热固性塑料模

4. 冷冲模;冷镦模;冲剪工具

5. 小批量生产;抗冲击载荷

6. 淬硬型塑料

三、(略)

学习活动3.3　装配倒装复合模

一、(略)

二、

1. 眼镜

2. 防护工作服

3. 防锈油

4. 内六角扳手

5. 橡胶锤

6. 铜锤

7. 塑料周转箱

8. 空气压缩机

9. 风管弹簧管

10. 细长吹尘枪

11. 清洁布

三、(略)

学习任务4　拆装V形翻板弯曲模

学习活动4.1　拆卸V形翻板弯曲模

一、

1. 避免材料;材料;精度较高

2. 模具;压力机;冲压工艺

3. 6CrNiMnSiMoV;高强韧性低合金;崩刃;断裂;冷挤压;冷弯曲;冷冲击

4. 弯曲;成形;折弯;滚弯;拉弯

5. 分离;变形;低廉

6. 冲压坯料;半成品;压力机滑块

二、(略)

三、

1. 用橡胶锤敲出上下模部分　2. 取出凸模　3. 将工具放入指定工具盒

4. 用铜棒与铝棒敲出定位销　5. 取出挡板　6. 取出顶出衬垫

四、(略)

学习活动4.2　认知V形翻板弯曲模的结构

一、

(一)

1. 上模座　2. 固定凹模螺钉　3. 导套

(二)

1. 导柱　2. 弹簧　3. 限位销　4. 下模座　5. 限位块　6. 顶出衬垫　7. 成形翻板左

二、(略)

219

学习活动 4.3　装配 V 形翻板弯曲模

一、（略）

二、（略）

学习任务 5　拆装两圆相扣成型模

学习活动 5.1　拆卸两圆相扣成型模

一、（略）

二、

1. 上模座是上模最上面的板状零件, 工作时紧贴压力机滑块, 并通过模柄或直接与压力机滑块固定

2. 限位柱是限制冲模最小闭合高度的柱形件

3. 固定限料板是固定在冲模位置不动的卸料板

4. 导柱模架是导柱、导套相互滑动的模架

5. 冲模是装在压力机上用于生产工艺装备, 由相互配合的上下部分组成

三、（略）

学习活动 5.2　认知两圆相扣成型模的结构

一、

（一）

1. 摆动支承块　2. 成型杆　3. 成型杆固定块　4. 弹簧　5. 导向柱　6. 定位销　7. 上模座固定螺钉　8. 凸模　9. 卸料螺钉　10. 支承板　11. 支承板固定螺钉　12. 支承块座

（二）

1. 凹模　2. 凹模固定块　3. 成型块　4. 螺钉　5. 下模座固定螺钉　6. 限位块

二、

1. 日本工具钢;高耐磨;冷作;淬火性;热处理变形

2. 放料;冲压;定位;快速放料;提高效率

3. $-80\ ℃$;$-70\ ℃$;3~4;回火处理;开裂的危险

4. 等高螺钉;活动卸料板;卸料板

5. 上模套板;镶块

6. 上模;下模;导向机构;凸凹模;碰撞

7. 冲压力;强度;刚度

8. 最大压缩量;使用寿命

三、（略）

学习活动 5.3　装配两圆相扣成型模

一、（略）

二、

1. 材料;完全分离;基本位于分离

2. 高韧性;高硬度;高强度;韧性;抗疲劳强度

3. 空心件;冲压;凸模底部

4. 白口铸铁;塑性;韧性

5. 孔径等于;小于

三、

1. 65Nb 钢是 6Cr4W3Mo2VNb 的简称,是高韧性冷作模具钢,其化学成分接近高速工具钢的基体成分,属于一种基体钢

2. 冲裁是利用冲裁模使部分材料或工序件与另外一部分材料、工(序)件或废料分离的一种冲压工序。冲裁是切断、落料、冲孔、冲缺、冲槽、剖切、凿切、切边、切开、修整等分离工序的总称

3. 成形是依靠材料流动而不依靠材料分离使工序件改变形状和尺寸的冲压工序的统称

四、(略)

学习任务6　拆装前哈夫模

学习活动 6.1　拆卸前哈夫模

一、(略)

二、

1. 高分子合成树脂;添加剂;结构形状;形状不变

2. 树脂;添加剂(或称助剂);树脂;类型(热塑性或热固性);基本性能(如热性能、物理性能、化学性能、力学性能等);添加剂

3. 工艺装备

4. 成型部件;浇注系统;导向部件;推出机构;调温系统;排气系统;支承部件;塑料注射成型机

5. 动模;定模;动模;定模

6. 设备;模具;单件;批量较小

7. 聚氨基甲酸酯;有机高分子;第五大;国民经济众多

8. 两半;复合模;half;哈夫线

三、

1. 塑料是以高分子合成树脂为基本原料,加入一定量的添加剂而组成,在一定的温度压力下可塑制成具有一定结构形状,能在常温下保持其形状不变的材料

2. 塑料模具是安装在塑料成型机上成型加工塑料制品的工艺装备

3. 聚氨酯材料是聚氨基甲酸酯的简称,英文名称是 polyurethane,是一种高分子材料。聚氨酯是一种新兴的有机高分子材料,被誉为"第五大塑料",因其卓越的性能而被广泛应用于国民经济众多领域。产品应用领域涉及轻工、化工、电子、纺织、医疗、建筑、建材、汽车、国防、航天、航空等。

四、(略)

学习活动6.2　认知前哈夫模的结构

一、

（一）

1. 凹模板　2. 弹簧　3. 定模座板　4. 定模座板固定螺钉　5. 滑块（前哈夫）　6. 浇口套

7. 浇口套固定螺钉　8. 限位块　9. 限位块固定螺钉

（二）

1. 导柱　2. 顶出板　3. 顶出固定板　4. 顶针　5. 动模固定螺钉　6. 动模座板　7. 方铁

8. 复位杆　9. 复位杆弹簧　10. 凸模　11. 凸模固定板　12. 限位螺钉

二、

1. 滑块直接参与成型或安装成型零件以及抽芯导向

2. 凸模固定板用于藏凸模，一般都采用组合式，方便更换

3. 限位块限制模具运动行程

三、（略）

学习活动6.3　装配前哈夫模

一、（略）

二、

1. 苯乙烯单体；100 ℃；容器；泡沫饭盒

2. 热固性；成型

3. 合理设计浇注系统；推出装置

4. 塑料品种；塑件形状；模具温度；成型；固化速度

5. 内应力；易裂；产生开裂

三、

1. 塑料自模具中取出冷却到室温后，发生尺寸收缩的特性称收缩性。由于这种收缩不仅是树脂本身的热胀冷缩造成的，而且还与各种成型因素有关，因此成型后塑件的收缩称为成型收缩

2. 塑料熔体在一定的温度、压力下填充模具型腔的能力，称为塑料的流动性

3. 当塑件在外力或溶剂作用下容易产生开裂的现象，被称为应力开裂

4. 固化特性是热固性塑料特有的性能，是指热固性塑料成型时完成交联固化反应的特性

四、（略）

学习任务7　拆装链条成型模

学习活动7.1　拆卸链条成型模

一、

1. 型模；压制；浇灌

2. 便于脱模；成型设备

3. 螺纹制品；螺纹型芯；专门要求

4. 制品组件；成型

5. 互相垂直;成型设备工作台

6. 浇口部位;制品的

二、(略)

三、(略)

四、(略)

学习活动7.2　认知链条成型模的结构

一、

(一)

1. 型芯固定螺钉　2. 浇口套　3. 导柱　4. 水口板限位螺钉　5. 定模板　6. 水口板

7. 面板　8. 型芯　9. 无头螺钉　10. 限位螺钉　11. 斜导柱　12. 拉料杆

(二)

1. 下型芯　2. 模脚　3. 型芯固定螺钉　4. 动模座板固定螺钉　5. 上模芯　6. 底板

7. 模具B板　8. 行位座　9. 套筒　10. 玻珠螺钉　11. 模脚固定螺钉　12. 锁模扣

二、(略)

学习活动7.3　装配链条成型模

一、(略)

二、

1. 防护眼镜　2. 防护工作服　3. 防锈剂　4. 内六角扳手　5. 橡胶锤　6. 铜棒

7. 塑料周转箱　8. 空气压缩机　9. 风管弹簧管　10. 细长吹尘枪　11. 清洁布

三、(略)

第3部分　调试篇

学习任务8　典型冷冲模的安装与调试

学习活动8.1　认知冲模分类、结构组成和冲压设备

一、

1. 冲压设备(压力机);冲模;板料;坯料;永久变形;分离

2. 冲裁模;弯曲模;拉深模;成形模;单工序模;复合模;级进模(也称连续模)

3. 冲裁模;落料模;冲孔模;切断模;切口模;切边模

4. 成形模;胀形模;缩口模;扩口模;起伏成形模;翻边模

5. 上;下模

6. 上模;模柄;滑块;滑块;活动部分;下模;下模座;工作台;固定部分

7. 工艺;工作;定位;卸料与压料;结构;保证;模具功能;导向;紧固;标准件及其他

8. 冷冲压动力;曲柄压力;摩擦压力;液压压力;微型冲压

9. 曲柄压力机;结构简单

10. $1Ni3Mn2CuAlMo$;时效硬化型塑料;镜面抛光;洁净抗腐蚀;表面刻蚀图案;光学透明塑料

二、

1. 冲裁模是指沿封闭或敞开的轮廓线使材料产生分离的模具。

2. 弯曲模是指使板料毛坯或其他坯料沿着直线(弯曲线)产生弯曲变形,从而获得一定角度和形状的工件的模具。

3. 拉深模是指把板料毛坯制成开口空心件,或使空心件进一步改变形状和尺寸的模具。

4. 成形模是指将毛坯或半成品工件按图凸、凹模的形状直接复制成形,而材料本身仅产生局部塑性变形的模具。

5. 单工序模是指在压力机的一次行程中只完成一道冲压工序的模具。

6. 复合模是指只有一个工位,在压力机的一次行程中,在同一工位上同时完成两道或两道以上冲压工序的模具。

7. 级进模(也称连续模)是指在毛坯的送进方向上,具有两个或更多的工位,在压力机的一次行程中,在不同的工位上逐次完成两道或两道以上冲压工序的模具。

三、

1. 摩擦压力机

2. 微型冲压机

3. 微型拉伸机

4. 液压压力机

5. 曲柄压力机

四、(略)

学习活动8.2 多工位级进模的安装与调试

一、

1.

①检查模具的标识是否完好清晰,对照工艺文件检查所使用的模具是否正确

②检查模具是否完整,凸凹模是否有裂纹,是否有磕碰、变形,可见部分的螺钉是否有松动,刃口是否锋利(冲裁模),等等

③检查上、下模板及工作台面是否清洁干净,导柱导套间是否有润滑油

④检查所使用的原材料是否与工艺文件一致,防止因使用不合格的原材料损坏模具和设备

⑤检查所使用的机床是否与模具匹配

⑥检查模具在机床上安装是否正确,上、下模压板螺栓是否紧固

2. (略)

二、(略)

三、

缺陷情况	产生原因	调整方法
制品边缘呈锯齿状	毛坯边缘有毛刺	修整前道工序落料凹模刃口,使其间隙均匀,减少毛刺
阶梯形件局部破裂	凹模与凸模圆角太小,加大了拉深力	加大凸模与凹模的圆角半径,减少拉深力

续表

缺陷情况	产生原因	调整方法
制件凸缘褶皱	1.凹模圆角半径太大 2.压边圈不起压边作用	1.减少凹模圆角半径 2.调整压边结构加大压边力
制件壁部拉毛	1.模具工作部分有毛刺 2.毛坯表面有杂质	1.修光模具工作平面和圆角 2.清洁毛坯或用干净润滑剂
盒形件角部破裂	1.角部圆角半径太小 2.间隙太小 3.变形程度太大	1.平整毛坯 2.改善顶料结构 3.增加拉深次数
拉深高度不够	1.毛坯尺寸太大 2.拉深间隙太小 3.凸模圆角半径太小	1.加大毛坯尺寸 2.调整间隙 3.加大凸模圆角半径
凸缘起皱且制件侧壁拉裂	压边力太小,凸缘部分起皱,无法进入凹模而拉裂	加大压边力
制件底部被拉裂	凹模圆角半径太小	加大凹模圆角半径

学习活动8.3 微型落料模的安装与调试

一、(略)

二、(略)

三、

缺陷情况	产生原因	调整方法
冲裁件剪切断面光亮带宽,甚至出现毛刺	冲裁间隙过小	适当放大冲裁间隙,对于冲孔模间隙加大在凹模方向上,对落料模间隙加大在凸模方向上
尺寸超差、形状不准确	凸模、凹模形状及尺寸精度差	修整凸模、凹模形状及尺寸,使之达到形状及尺寸精度要求
凸模、凹模刃口相咬	1.卸料板孔位偏斜使冲孔凸模位移 2.导向精度差,导柱、导套配合间隙过大 3.凸模、导柱、导套与安装基面不垂直 4.凸模、凹模错位 5.上下模座、固定板、凹模、垫板等零件安装基面不平行	1.修整及更换卸料板 2.更换导柱、导套 3.调整其垂直度重新安装 4.重新安装凸模、凹模,使之对正 5.调整有关零件重新安装
冲件毛刺过大	1.刃口不锋利或淬火硬度不够 2.间隙过大或过小,间隙不均匀	1.修磨刃口使其锋利 2.重新调整凸模、凹模间隙,使之均匀

续表

缺陷情况	产生原因	调整方法
冲件不平整	1. 凹模有倒锥,冲件从孔中通过时被压弯 2. 顶出杆与顶出器接触工件面积太小 3. 顶出杆、顶出器分布不均匀	1. 修磨凹模孔,去除倒锥现象 2. 更换顶出杆,加大与工件的接触面积
凸模折断	1. 冲裁时产生侧向力 2. 卸料板倾斜	1. 在模具上设置挡块抵消侧向力 2. 修整卸料板或使凸模增加导向装置
凹模被胀裂	1. 凹模孔有倒锥度现象(上口大下口小) 2. 凹模孔内卡住(废料)太多	1. 修磨凹模孔,消除倒锥现象 2. 修低凹模孔高度
剪切断面光亮带宽窄不均匀,局部有毛刺	冲裁间隙不均匀	修磨或重装凸模或凹模,调整间隙保证均匀
卸料及卸件困难	1. 卸料装置不动作 2. 卸料力不够 3. 卸料孔不畅,卡住废料 4. 凹模有倒锥 5. 漏料孔太小 6. 推杆长度不够	1. 重新装配卸料装置,使之灵活 2. 增加卸料力 3. 修整卸料孔 4. 修整凹模 5. 加大漏料孔 6. 加长打料杆
送料不通畅,有时被卡死	易发生在连续模中 1. 两导料板之间的尺寸过小或有斜度 2. 凸模与卸料板制件的间隙太大,致使搭边翻转而堵塞 3. 导料板的工作面与侧刃不平行,卡住条路,形成毛刺大	1. 粗修或重新装配导料板 2. 减少凸模与导料板之间的配合间隙,或重新浇注卸料板孔 3. 重新装配导料板,使之平行 4. 修整侧刃及挡块之间的间隙,使之严密
外形与内孔偏移	1. 在连续模中孔与外形偏心,并且所偏的方向一致,表面侧刃的长度与步距不一致 2. 连续模多件冲裁时,其他孔形正确,只有一孔偏心,表面该孔凸模、凹模位置有变化 3. 复合模孔形不正确,表面凸模、凹模相对位置偏移	1. 加大(减少)侧刃长度或磨小(加大)挡料块尺寸 2. 重新装配凸模并调整其位置使之正确 3. 更换凸(凹)模,重新进行装配调整合适

学习任务9　典型注塑模的安装与调试

学习活动9.1　认知注塑机分类、结构组成和工作原理

一、

1. 卧式;立式;角式

2. 柱塞式;螺杆式;螺杆

3. 尼龙;美国;树脂;1939

4. 注射油;活塞杆;活塞杆头;轴向位置;同步调整

5. 塑化装置;模具流道

6. 加料段;压缩段;渐变型;突变型;通用型

7. 单缸;双缸

8. 机电一体化;注射部件;机身;加热系统;加料系统;加料装置

9. 直通式;锁闭式;热流道;多流道

10. 电阻加热;铸铝加热;电阻加热 陶瓷加热;3;5

11. 教学实训;卧式注塑机;重心低;操作及维修;教学培训

12. 合模;注射装置进;注射;保压;冷却;注射装置退;开模

二、

1. 喷嘴　2. 螺杆头　3. 止逆环　4. 料筒　5. 螺杆　6. 加热圈　7. 冷却水圈

三、

表9-2　注射螺杆头形式与用途

形　式		结构图	特征与用途
无止逆环型	尖头形		螺杆头锥角较小或有螺纹,主要用于高黏度或热敏性塑料
	钝头形		头部为"山"字形曲面,主要用于成型透明度要求高的PC,AS,PMMA等塑料
有止逆环型	环形		止逆环为一光环,与螺杆有相对转动,适用于中、低黏度的塑料

227

续表

形　式		结　构　图	特征与用途
有止逆环型	爪形	爪形止逆环	止逆环内有爪,与螺杆无相对转动,可避免螺杆与环之间的熔料剪切过热,适用于中、低黏度的塑料
	销钉形	销钉	螺杆头颈部钻有混炼销,适用于中、低黏度的塑料
	分流形		螺杆头部开有斜槽,适用于中、低黏度的塑料

四、

1. 当座移油缸进油时,实现注射座的前进或后退动作,并保证注塑喷嘴与模具主浇套圆弧面紧密地接触,产生能封闭熔体的注射座压力

2. 料筒是塑化部件的重要零件,内装螺杆外装加热圈,承受复合应力和热应力的作用

五、(略)

学习活动 9.2　哈夫模的安装与调试

一、

1. (略)

2.

①安装好动、定模

②推进动模

③动、定模合模

④熔胶注入浇注口

⑤熔胶冷凝成型

⑥退出动模

⑦推出分离制件

⑧接收塑料制件

二、

1. 存料;润滑剂;杂质;过快;增压压力;过长;堵塞或过小;温度

2. 注射力;保压时间;熔融温度;不足;浇口设计

3. 模具温度;过低;原料或料管;背压;注塑压力;干湿程度

三、(略)

四、

产品缺陷	产生原因	解决办法
表面斑点及黑线	1. 料管或螺杆有存料 2. 模具润滑剂选择不当 3. 原料有杂质 4. 注塑速度过快 5. 使用增压注射时增压压力增大,时间过长 6. 模具排气孔堵塞或过小 7. 工艺过程中温度过高	1. 清干净料管或螺杆的存料 2. 选择耐温及无色的模具润滑剂 3. 选择干净,纯正的塑料 4. 调整好注塑射速度 5. 适当调整增压注射时增压压力及缩短其时间 6. 清通被堵塞的模具排气孔,或适当增大其排气孔 7. 适当降低工艺过程中的温度
色差	1. 熔解塑料的温度过高 2. 颜料粒度过粗 3. 未清理干净上次加工给料装置及螺杆、料管 4. 工艺过程一个循环的时间过长 5. 螺杆送料段冷却不足 6. 螺杆止回环损坏或磨损 7. 模具的排气孔过小	1. 降低塑料的温度 2. 使颜料粒度变细 3. 清理干净上次加工给料装置及螺杆、料管 4. 尽量缩短循环时间 5. 检查送料段的冷却,调至合理 6. 更换螺杆止回环 7. 适当加大模具的排气孔
收缩	1. 注射力不足 2. 保压时间过短 3. 塑料熔融温度过高 4. 注塑速度不足 5. 浇口设计不当	1. 适当调高注射力 2. 增加保压时间 3. 降低塑料熔融温度 4. 调整注射速度 5. 改大太厚部分浇口尺寸或改变入料浇口
气孔或斜纹	1. 原料干燥不足 2. 原料熔融温度过高 3. 模具温度过高 4. 保压时间过短,压力过小 5. 注射速度过快 6. 射嘴速度过高 7. 背压不足 8. 模具冷却水道与流道有渗漏	1. 对原料实行彻底干燥 2. 适当降低塑料熔融温度 3. 适当降低射嘴温度 4. 增加保压时间,增大压力 5. 适当降低注射速度 6. 适当降低射嘴速度 7. 调整背压 8. 修补渗漏

续表

产品缺陷	产生原因	解决办法
变形	1.冷却时间不足 2.注射速度过低 3.模具顶针设计不当	1.增加冷却时间 2.降低塑料熔融 3.熔融增加或改变顶针位置
熔接线痕或分层	1.模具温度过低 2.注射速度过低 3.原料或料管不干净 4.背压不足 5.注塑压力不足 6.原料干湿程度不正确	1.适当增加模具温度 2.降低塑料熔融温度 3.清理干净塑料或机筒的杂物 4.调整背压 5.调整注射压力 6.正确处理塑料干湿程度
毛边	1.模具内的塑料温度过高 2.注射压力过大或时间过长 3.模具结合面有污物 4.模板平行度不够 5.模具密合度不够 6.锁模力不够	1.适当降低模具内的塑料温度 2.降低注射力或时间 3.清除模具结合面的污物 4.调整模板的平行度 5.重新校正模具 6.增加锁模力
变脆易折断	1.塑料温度过高且停留时间过长 2.原料不纯或粒度过大 3.原料干燥不足	1.适当降低塑料温度并缩短停留时间 2.选择纯度高及粒度适合的原料 3.彻底干燥原料

参考文献

［1］余东权,陈伟忠. 模具拆装与手工制作学习工作页［M］. 北京:中国劳动社会保障出版社,2015.

［2］彭建声,秦晓刚. 模具技术问答［M］. 2 版. 北京:机械工业出版社,2006.

［3］张孝民. 塑料模具技术［M］. 北京:机械工业出版社,2003.

［4］徐佩弦. 塑料注射成型与模具设计指南,北京:机械工业出版社,2013.

［5］王新华,陈登. 简明冲模设计手册［M］. 北京:机械工业出版社,2008.

［6］方国治,高洋,童忠良. 塑料制品加工与应用［M］. 北京:化学工业出版社,2009.

［7］彭建声. 冲压加工质量控制与故障检修［M］. 北京:机械工业出版社,2007.

［8］陈培里. 模具工入门［M］. 杭州:浙江科学技术出版社,2002.

［9］付丽,张秀绵. 塑料模具设计与应用实例［M］. 北京:机械工业出版社,2009.

［10］董永华,李慕译. 模具拆装与调试技能训练［M］. 北京:中国铁道出版社,2012.

［11］单岩,蔡娥,罗晓晔,等. 模具结构认知与拆装虚拟实验［M］. 杭州:浙江大学出版社,2009.

［12］赵世友. 模具装配与调试［M］. 北京:北京大学出版社,2010.

［13］关小梅,黄斌聪. 模具拆装与调试［M］. 北京:化学工业出版社,2015.

［14］刘晓芬. 模具拆装与模具制造项目式实训教程［M］. 北京:电子工业出版社,2013.